现代测绘成果质量管理
方法与实践

重庆市地理信息和遥感应用中心 编

重庆大学出版社

图书在版编目（CIP）数据

现代测绘成果质量管理方法与实践 / 重庆市地理信息和遥感应用中心编. -- 重庆：重庆大学出版社，2021.7
ISBN 978-7-5689-2533-4

Ⅰ.①现… Ⅱ.①重… Ⅲ.①测绘—质量管理 Ⅳ.①P25

中国版本图书馆CIP数据核字（2020）第259793号

现代测绘成果质量管理方法与实践
XIANDAI CEHUI CHENGGUO ZHILIANG GUANLI FANGFA YU SHIJIAN

重庆市地理信息和遥感应用中心　编

责任编辑：杨育彪　　版式设计：杨育彪
责任校对：邹　忌　　责任印制：邱　瑶

重庆大学出版社出版发行
出版人：饶帮华
社　址：重庆市沙坪坝区大学城西路21号
邮　编：401331
电　话：（023）88617190　88617185（中小学）
传　真：（023）88617186　88617166
网　址：http://www.cqup.com.cn
邮　箱：fxk@cqup.com.cn（营销中心）
全国新华书店经销
印刷：重庆俊蒲印务有限公司

开本：787mm×1092mm　1/16　印张：10.5　字数：136千
2021年7月第1版　　2021年7月第1次印刷
ISBN 978-7-5689-2533-4　定价：69.00元

编写人员

马泽忠　王　斌　蒲德祥　张　黎　唐　辉　张士勇

吴国梁　王　静　陈奎伊　徐永书　刘邢巍　高　翔

蔡　华　袁烽迪　张成宁　田　强　钱文进　姜紫薇

谭　攀　卢建洪　彭　婧　舒文强　郑　中　秦瑛歆

随着测绘科学技术和测绘地理信息产业的不断融合发展，测绘学科已完成由传统模拟测绘向数字化测绘的转变，向着信息化和智能化测绘的新阶段发展。当前，以实时性、高精度和海量信息为特征的测绘新技术、新产品不断涌现，其应用也逐渐深入到众多领域，发挥着基础性的保障作用。

党的十九大以来，中国特色社会主义进入了新时代，我国经济已由高速增长阶段转向高质量发展阶段，大力提升发展质量和效益是各行各业发展的新目标、新要求。质量代表着测绘成果的生命，关系着工程建设的品质和安全，甚至涉及国家领土和主权完整，其重要性不言而喻。测绘成果质量管理是一个系统工程，它贯穿成果生产、验收和应用的全过程，各个阶段都应以相关法律法规和标准规范为约束，以打造合格产品和优质产品为目标，认真贯彻落实各项质量检查和验收制度，推动实现测绘成果质量水平的稳步提升。

本书分为三部分：第一部分为第1章和第2章，主要论述测绘成果质量管理的相关概念和基本方法；第二部分为第3章至第7章，分别详细介绍基础测绘成果、地理信息数据库成果、地图编制成果、调查监测成果和分析研究型成果等五类典型测绘成果的质量管理方法及技术流程，并结合质量管理实践进行案例分析，以帮助读者深入理解这些质量管理方法涉及的要点；第三部分为第8章和第9章，主要讲述测绘成果质量检验过程中的一些常见新技术，包括自动检验技术、地图数据库辅助质检技术等。本书适用于测绘成果质量管理人员日常工作参考或技术交流。

本书的编写和出版得到了重庆市规划和自然资源局测绘管理处的大力支持，重庆大学出版社为本书的顺利出版做了大量工作，在此一并表示衷心感谢。

由于编者水平有限，书中难免存在不足和疏漏之处，敬请读者批评指正。

编　者

2021年5月

目录

1

概述

1.1 基本概念

1.1.1 测绘和测绘成果

测绘是指对自然地理要素或者地表人工设施的形状、大小、空间位置及其属性等进行测定、采集、表述，以及对获取的数据、信息、成果进行处理和提供的活动。测绘成果是指通过测绘形成的数据、信息、图件及相关的技术资料。测绘成果分为基础测绘成果和非基础测绘成果。一般而言，基础测绘成果主要包括以下内容：

①为建立全国统一的测绘基准和测绘系统进行的天文测量、三角测量、水准测量、卫星大地测量、重力测量所获取的数据、图件。

②基础航空摄影所获取的数据、影像资料。

③遥感卫星和其他航天飞行器对地观测所获取的基础地理信息遥感资料。

④国家基本比例尺地图、影像图及其数字化产品。

⑤基础地理信息系统的数据、信息等。

非基础测绘成果是指除基础测绘成果以外的其他测绘成果，比如工程测量成果、不动产测量成果、地理信息系统、普通地图、专题图、导航电子地图等。

1.1.2　测绘成果特征

测绘成果有如下基本特征：

①科学性。测绘成果的生产、加工和处理等各个环节，都是依据一定的测量理论、数学基础、投影法则和专业的测绘仪器设备以及软件系统来进行的，因此测绘成果具有科学性。

②保密性。测绘成果涉及自然地理要素和地表人工设施的精确位置、形状、大小及其属性，大部分测绘成果都涉及国家安全和利益，因此具有严格的保密性。

③系统性。不同的测绘成果以及测绘成果的不同表现形式，都是在一定的测绘基准和测绘系统控制下，按照"先控制、后碎部，先整体、后局部"的原则实现的，各环节有着内在的关联，因此具有系统性。

④专业性。不同种类的测绘成果，由于用途不同，其内容构成、表现形式和精度要求也不尽相同，因此带有很强的专业性。

1.1.3　测绘成果分类

测绘成果分类主要有按专业分类和按技术分类两种。

（1）按专业分类

依据《测绘资质分级标准》，测绘成果按专业可分为大地测量、测绘航空摄影、摄影测量与遥感、地理信息系统工程、工程测量、不动产测绘、海洋测绘、地图编制、导航电子地图制作、互联网地图服务等10个大类。每个大类下又包含若干小类，具体见表1.1。

表1.1 测绘成果表（按专业分类）

序号	专业类别	专业子项
1	大地测量	卫星定位测量、全球导航卫星系统连续运行基准站网位置数据服务、水准测量、三角测量、天文测量、重力测量、基线测量、大地测量数据处理等
2	测绘航空摄影	一般航摄、无人飞行器航摄、倾斜航摄等
3	摄影测量与遥感	摄影测量与遥感外业、摄影测量与遥感内业、摄影测量与遥感监理等
4	地理信息系统工程	地理信息数据采集、地理信息数据处理、地理信息系统及数据库建设、地面移动测量、地理信息软件开发、地理信息系统工程监理等
5	工程测量	控制测量、地形测量、规划测量、建筑工程测量、变形形变与精密测量、市政工程测量、水利工程测量、线路与桥隧测量、地下管线测量、矿山测量、工程测量监理等
6	不动产测绘	地籍测绘、房产测绘、行政区域界线测绘、不动产测绘监理等
7	海洋测绘	海域权属测绘、海岸地形测量、水深测量、水文观测、海洋工程测量、扫海测量、深度基准测量、海图编制、海洋测绘监理等
8	地图编制	地形图、教学地图、世界政区地图、全国及地方政区地图、电子地图、真三维地图、其他专用地图等
9	导航电子地图制作	导航电子地图制作等
10	互联网地图服务	地理位置定位、地理信息上传标注、地图数据库开发等

（2）按技术分类

随着测绘技术的发展，测绘行业经历了由传统测绘向现代测绘的飞跃。最初的测绘工程主要使用水准仪、经纬仪、平板仪等仪器设备，这些仪器的应用对当时的测绘工作产生了有效的促进作用，但这些仪器的精度和效率都存在不足，也容易受到地形、天气和环境的影响。随着测绘技术的发展，传统的测绘方法开始慢慢被取代，逐渐向卫星导航定位、航空和航天遥感、地理信息系统、数字城市、智慧城市以及大时空大数据、云计算等新兴测绘技术发展。这些新型测绘技术是空间技术和信息技术的有机结合，充分利用了卫星、通信、计算机和传感器等新型设备和设施，进行了大量的集成创新和应用创新，大幅提高了测绘工作的效率和测绘成果的精度。

因此，测绘成果按照生产技术的不同可分为传统测绘成果和现代测绘成果。传统测绘成果主要包括三角测量、水准测量、导线测量、野外测量等利用传统仪器和技术生产的测绘成果，现代测绘成果主要包括全球导航卫星系统连续运行基准站网位置数据服务、倾斜航摄、实景三维地图等利用现代测绘手段生产的测绘成果。

1.1.4　测绘成果质量和测绘成果质量管理

测绘成果质量是指测绘成果满足测绘技术标准和规范要求，以及满足用户使用需求的特征、特性。质量是测绘成果的生命，不仅关系到各项工程建设的质量和安全，关系到经济社会发展管理决策的科学性、准确性，而且涉及国家主权、利益和民族尊严。因此，确保测绘成果质量是测绘工作至关重要的方面，它应贯穿测绘成果生产和提供服务的整个过程。

质量管理是确定质量方针、目标和职责，并通过质量体系中的质量策划、控制、保证和改进来使其实现的全部活动。测绘成果质量管理执行"二级检查一级验收"制度，即单位作业部门负责过程检查，测绘单位负责最终检查，项目委托方负责验收。根据《测绘地理信息质量管理办法》，基础测绘项目、测绘地理信息专项和重大建设工程测绘地理信息项目的成果未经测绘质检机构实施质量检验，不得采取材料验收、会议验收等方式验收，以确保成果质量。

1.2 我国测绘成果质量管理面临的新形势

不断提高测绘成果质量，是国民经济建设和国家信息化发展的重要基础保障，是提升政府科学决策水平的重要途径，也是维护国家主权和人民群众利益的现实需要。因此，我国测绘成果质量管理面临越来越高的要求和挑战。

1.2.1 国家对质量强国战略作出了新部署

习近平总书记在十九大报告中指出"我国经济已由高速增长阶段转向高质量发展阶段，正处在转变发展方式、优化经济结构、转换增长动力的攻关期"的重要论断，强调"必须坚持质量第一、效益优先，以供给侧结构性改革为主线，推动经济发展质量变革、效率变革、动力变革"；"把提高供给体系质量作为主攻方向，显著增强我国经济质量优势"。2017年9月15日，第二届中国质量（上海）大会开幕，习近平总书记致贺信指出"今天，中国高度重视质量建设，不断提高产品和服务质量，努力为世界提供更加优良的中国产品、中国服务。"

2017年9月，中共中央、国务院印发《关于开展质量提升行动的指导意见》，这是中华人民共和国成立以来中共中央、国务院首次出台关于质量工作的纲领性文件，全面提出了新形势下质量提升的目标任务和重大举措。

1.2.2 测绘行业对质量管理提出了新要求

测绘事业作为经济建设、国防建设、社会发展的基础性事业，与国计民生息息相关。"差之毫厘，谬以千里"，测绘成果质量是测绘事业发展永恒的生命线，"真实、客观、精准"是测绘工作的鲜明特点和永恒主题。做好测绘成果质量管理工作，不仅是对全行业综合实力的集中反映，更是推进我国由测绘大国向测绘强国转变的内在要求。新修订的《中华人民共和国测绘法》明确规定："测绘单位应当对完成的测绘成果质量负责。县级以上人民政府测绘地理信息主管部门应当加强对测绘成果质量的监督管理。"新版《测绘地理信息质量管理办法》和相关法律法规对健全测绘成果质量保证体系、提高测绘地理信息产品质量等作出了新的规定，由此看出，测绘行业主管部门对测绘成果质量越来越重视。

1.2.3 经济社会发展对测绘成果质量提出了新需求

测绘地理信息是国家重要的基础性、战略性信息资源，经济社会发展的各个领域都需要测绘成果提供基础保障，比如：交通、水利、能源、通信等基础设施建设过程中，在选址规划、工程设计、形变监测等方面需要测绘成果提供技术依据；现代测绘地理信息已成为提高城市交通和市政公共设施管理水平的重要工具；建设社会主义新农村、科学编制乡村发展规划、改善农村生活环境和村容村貌等需要多层次的测绘成果服务；加强生态环境保护和治理，测绘成果是必不可少的技术支撑；开展精准扶贫工作，测绘成果可以保驾护航；提高应急处置能力、抗击新冠疫情等，需要可靠、及时、准确的测绘地理信息保障。测绘地理信息成果在新时代中国特色社会主义建设中的基础支撑作用越来越显著，关系到经济社会发展和公众生活的方方面面，其质量必须要严格管理和把控，才能有效提升服务能力，发挥重要价值。

1.2.4 新技术发展对测绘成果质量管理提出了新挑战

随着现代信息技术和测绘地理信息产业的不断融合发展，以生产智能化、成果数字化、服务网络化、应用社会化为特征的信息化测绘生产体系已经逐步建立起来，测绘地理信息成果在内容、形式及应用范围等都发生了翻天覆地的变化，其内容不再局限于空间坐标，而是在此基础上衍生出了气象、地质、考古、城市规划、环境保护、现代物流等多方面的有价值的研究内容；其形式也不再是单一的地形图、正射影像和高程模型，而是向着三维模型、信息平台、遥感解译、地学分析等多维度、多元化和综合性强的新形式发展。在这种背景下，传统的测绘成果质量管理手段和技术已经相对落后，难以满足新形势下测绘成果质量管理的要求。因此，如何跟上新技术高速发展、新产品不断涌现的时代步伐，建立相适应的测绘地理信息质量管理机制和技术支撑体系，是当前测绘成果质量管理面临的新挑战。

2

测绘成果质量管理的法规标准和基本方法

2.1 我国现行测绘成果质量管理相关法规与标准

2017年7月1日，新修订的《中华人民共和国测绘法》正式颁布实施，对测绘成果质量责任主体进行了明确规定。国家测绘地理信息主管部门出台《测绘地理信息质量管理办法》，从监督管理、测绘资质单位责任和义务、质检机构责任和义务、质量奖惩等方面提出了具体要求，为质量工作提供了重要的法律支撑。各地也纷纷出台《测绘生产质量管理办法》《测绘地理信息质量管理办法》《测绘地理信息质量监督检查实施办法》《测绘单位质量管理规定》等管理规章，对指导、规范本地区测绘成果质量管理工作起到了重要的制度保证作用。

测绘成果质量管理规范化的另一个重要方面是制定测绘标准体系，从技术层面上规范测绘产品的生产、制作和管理。为提高测绘标准的系统性、协调性和适用性，国家测绘地理信息主管部门于2017年9月组织编制了结构化、系统化和可扩充的《测绘标准体系》，它是目前和今后一段时间内测绘国家标准、行业标准制定与修订的指导性文件，今后对测绘标准项目提案的提出与受理、立项审批及标准审查等，将主要依据该标准体系的内容和要求执行。

《测绘标准体系》由测绘标准体系框架（图2.1）和测绘标准体系表构成，并从信息化测绘技术、事业转型升级和服务保障需求出发，兼顾现行测绘国家标准和行业标准情况，以测绘标准化对象为主体，按信息、技术和工程等多个视角对测绘标准进行分类和架构。《测绘标准体系》共包含"定义与描述""获取与处理""成果""应用服务""检验与测试""管理"等6大类36小类标准，共收录377项标准。《测绘标准体系》明确了当前测绘领域国家、行业标准的内容构成，为信息化测绘生产、管理与服务提供全面的标准支撑，满足测绘作为基础性、公益性事业对标准化的需要。

测绘标准体系对质量元素、各类成果与产品检验均有明确规定。其中，质量元素类标准定义了测绘与基础地理信息成果、数据质量的基本元素及其描述的基本要求，具体标准包括《地理信息　质量原则》（GB/T 21337—2008）、《地理信息　质量评价过程》（GB/T 21336—2008）和《数字测绘成果质量要求》（GB/T 17941—2008）等。成果与产品检验类标准规定了各种形式、各种类别的测绘和基础地理信息成果（产品）质量检查、验收、质量评定的内容及方法，具有代表性的标准包括《测绘成果质量检查与验收》（GB/T 24356—2009）、《数字测绘成果质量检查与验收》（GB/T 18316—2008）、《公开版纸质地图质量评定》（GB/T 19996—2017）以及各类测绘成果质量检验技术规程等。这些标准的颁布为测绘成果质量检验提供了统一的技术依据。

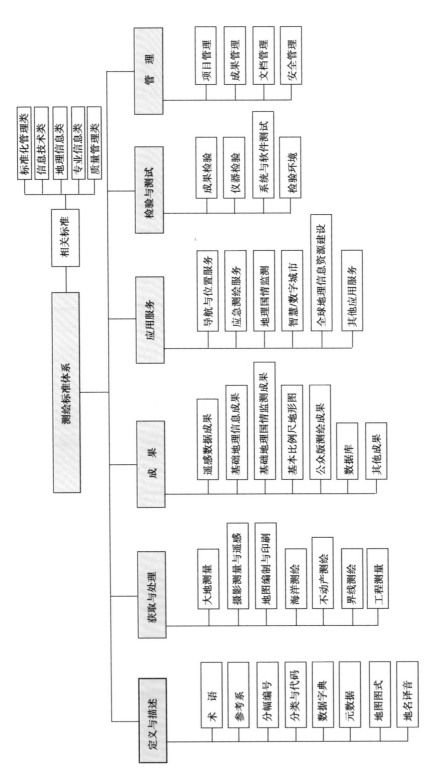

图2.1 测绘标准体系框架

2.2　测绘质量管理主体

测绘质量管理的主体包括测绘行政主管部门、测绘单位和测绘质检机构。

测绘行政主管部门负责测绘质量监督管理，完善质量监管机制，负责受理测绘质量投诉、检举、申诉并依法进行处理。

测绘单位应按照质量管理体系建设要求，建立健全覆盖本单位测绘地理信息业务范围的质量管理体系，规范质量管理行为，对其完成的测绘成果质量负责。

测绘质检机构受测绘行政主管部门委托，拟订测绘地理信息成果质量监督检验测试相关政策规定；承担测绘资质审查和《测绘资质证书》年度注册中有关测绘成果的质量认可工作；承担测绘地理信息有关科研成果及新产品所需的质量检验和测试工作；承担测绘地理信息成果质量争议的仲裁检验；受用户的委托，承担测绘地理信息成果质量的委托检验和技术咨询等。

2.3　测绘成果质量管理的基本原则

2.3.1　"质量第一、用户至上"的原则

测绘成果质量是项目成功的基础，直接关系到测绘成果的实用性和适用性，没有成果质量，就没有投资安全和投资效益。所以，必须从用户的角度出发，严把测绘成果质量关。

2.3.2 预防为主的原则

测绘成果的质量管理需要积极主动，事先就应对影响质量的各类因素加以分析控制，而不能等到出了问题再进行处理。要重点做好质量的事前控制和事中控制，以预防、预控为主。在检查、验收过程中发现有不符合技术标准、技术设计书或其他有关技术规定的成果时，应及时提出反馈意见，交作业部门或作业组整改，将质量隐患尽量消除在项目前期阶段。

2.3.3 全过程质量管理原则

测绘生产单位应构建全面的质量管理体系，将质量管理工作贯穿生产的全过程，并重点监控生产中的重点内容、关键节点和薄弱环节。测绘成果应实行"二级检查一级验收"制度，需依次通过测绘单位作业部门的过程检查、测绘单位质量管理部门的最终检查和生产委托方的验收三个阶段。

（1）过程检查

过程检查前，作业人员应先进行自查、互查，确认无误后，才能进行过程检查。过程检查应对批成果中的单位成果进行全数详查，对检查出的问题需及时反馈作业人员修改完善，并提交复查，直至检查无误，方可提交最终检查。过程检查的问题及复查情况均应进行记录。

（2）最终检查

最终检查应审核过程检查记录，只有通过过程检查的成果才能进行最终检查。最终检查应对批成果中的单位成果进行全数检查，并逐一评定单位成果质量等级，对野外实地检查项可抽样检查，样本量应不低于规范要求。最终检查不合格的单位成果应退回处理，处理后再进行最终检查，直至检查合格，方可提交验收。最终检查发现的问题、错误以及复查的结果均应进行完整记录，提交验收时还需一并提交检查报告。

（3）成果验收

验收应审核最终检查记录，只有经过最终检查全部合格的批成果，才能进行验收。验收是对批成果中的单位成果进行抽样检查并评定质量等级，样本量应不低于规范要求。样本内的单位成果应逐一详查，样本外的单位成果根据需要进行概查。验收不合格的批成果需退回处理，并重新提交验收。重新验收时，应重新抽样。验收合格的批成果，应对检查出的错误进行修改，并通过复查核实。验收检查出的问题、错误以及复查的结果应进行完整记录，验收工作完成后还应编写检验报告。

各阶段的质量检查、验收工作应独立进行，不得省略、代替或颠倒顺序。一般而言，由测绘单位完成过程检查、最终检查，由项目委托方委托测绘质检机构具体实施验收检查。根据《测绘地理信息质量管理办法》（国测国发〔2015〕17号）要求，基础测绘项目、测绘地理信息专项和重大建设工程测绘地理信息项目的成果未经测绘质检机构实施质量检验，不得采取材料验收、会议验收等方式验收，以确保成果质量；其他项目的验收应根据合同约定执行。

2.3.4　"坚持标准，科学评价"原则

生产过程中应严格执行相应的作业规范和行业标准，并兼顾项目合同、任务书、技术设计书等文件中有关产品质量的要求。在质量检查和验收过程中，均以上述标准规范和文件为检验依据，确保检验依据的准确、合理、有效，并保证测绘成果的一致性。

严格按照测绘成果质量评定标准进行质量检验与质量评定，确保质量评价结果科学、客观、公正。当过程检查、最终检查过程中出现质量争议时，由测绘单位质量负责人裁定，化解质量问题引发的矛盾，切实推动质量提升。

2.4 影响测绘成果质量的主要因素

在实际测绘生产作业中，对测绘成果质量造成影响的因素较多，长期实践表明，测绘生产实施阶段影响质量的因素主要包括管理因素、人员与技术因素、仪器设备因素和环境因素等。

2.4.1 管理因素

（1）质量管理体系的健全程度

如果测绘生产单位质量管理体系不规范、不健全，将会导致测绘成果质量的可追溯性不强，责权划分不明确，难以实现有法可依、有章可循、有据可查，导致测绘成果质量难以得到保障。

（2）质量控制措施落实程度

项目实施前如果没有制订项目成果质量防控措施，或质量控制工作滞后，或质量检查和生产工作不同步，将会贻误发现问题的时机，导致测绘成果质量不达标或留有质量隐患。

（3）质量检查机构完备程度

如果测绘单位质量检查机构不完备，专职质量检查人员数量不够，将会导致质量把关不严，影响测绘成果的质量。

2.4.2 人员与技术因素

人是测绘作业的主体，成果质量的形成受到所有参加测绘生产的领导干部、技术骨干、操作人员的共同作用，他们是形成测绘成果质量的主要因素。领导者的素质，作业人员的理论和技术水平、工作责任意识、质量意识等，均会直接影响到测绘成果质量。另外，技术方案是对具体生产过程中的作业流程、操作方法及质量控制要求的明确规定，其在技术、组织、管理等方面的可行性和合理性也会对项目质量产生重要影响。

2.4.3 仪器设备因素

测绘作业的完成离不开测量仪器设备，仪器设备的性能必然对测绘成果质量产生影响，比如：GNSS接收机、全站仪、水准仪的性能和指标，直接影响着测量成果的精度。

2.4.4 环境因素

作业区域的自然环境、生产劳动环境以及项目管理环境等，如夏季高温、冬季严寒，均在不同程度上影响着项目的进展，进而影响测绘成果质量。因此，在生产组织方案中必须考虑环境的影响因素。

2.5 测绘成果质量管理的主要措施

为了取得质量管理的理想效果，达到质量控制的目标，需要从多方面采取措施实施质量控制。一般可以归类为组织措施和技术措施。

2.5.1 组织措施

从质量控制的组织管理方面着手进行控制，通过建立质量管理体系、健全体制机制等手段，保障质量控制的有效实施。

（1）建立健全质量管理制度

根据单位实际情况，制定切实可行的内部质量管理规章制度，如《质量管理规定》《成果质量管理实施细则》等，规范项目质量管理。通过建章立制，实现质量管理的目标。

（2）加强合同管理与评审

对项目合同中的有关质量条款进行认真梳理，科学分析，为质量控制提供依据。利用合同的约束力，调控生产关系，坚持合同的全面履行，从而保障项目质量，维护单位信誉。

（3）成立专职质量管理部门，落实相关部门职责

设立专门的质量管理部门，设立专职质检人员，以质量为中心开展相关工作。明确划分相关部门的质量管理职责，如由经营部门负责项目任务的下达，实施部门负责项目生产、过程质量控制，质量管理部门负责成果的最终检查等。

（4）确立质量控制的三级检查制度

由项目负责人和项目组成员负责测绘成果的自检、互检，项目承担部门负责成果的过程检查，质量管理部门负责成果的最终检查。

（5）建立质量奖惩制度

奖惩制度也是保证质量的有效措施，对质量优秀的成果作业人员给予精神或物质奖励，对测绘成果质量不合格的负责人进行处罚，能够在一定程度上起到激励或警示作用，促进质量责任意识的提升。

（6）推动质量检验流程规范化

将测绘成果质量检查工作规范化、流程化、标准化，有助于保障测绘成果质量控制工作的有序进行，一般可采取以下流程：

①任务下达：项目任务下达时，计划部门应同时将项目的质量要求、项目完

成时间节点等信息告知生产部门和质量管理部门。

②任务接收：生产部门对项目质量要求进行评估确认，必要时应与计划部门、质量管理部门进行沟通协商，确保对项目质量要求达成一致意见。接收项目任务后，应及时确定项目负责人，编写项目技术方案。在自检、互检、过程检查等环节中，项目负责人应及时填写质量检查记录表，保证质量检查工作有序实施。

③自检互检：项目生产过程中，项目负责人应对项目过程或工序进行控制，进行自检或内部互检，检查合格后方可转入下一道生产工序。

④过程检查：检查人员按要求对项目过程成果进行检查，检查发现问题的，将检查意见反馈给项目负责人修改完善，修改后再次提交过程检查人员复核，直至合格为止。过程检查合格后，方能将项目的最终成果提交至质量管理部门进行最终检查。

⑤最终检查：项目成果提交至质量管理部门后，质量管理部门检查人员应按计划部门下达的项目成果质量及相关技术要求对成果进行检查，对发现的质量问题及时反馈项目承担部门进行修改完善。成果质量检查合格后，检查人员应对项目质量等级进行最终评定。

（7）开展经常性质量培训

测绘单位应经常针对不同类型的项目，有计划地组织技术、质量培训，广泛开展质量教育活动，不断增强员工的质量意识。

2.5.2　技术措施

技术措施对保障项目达到质量目标、纠正质量偏差是必不可少的，运用技术措施进行质量控制需要做好以下工作：

①测绘项目实施前，生产单位应建立和完善质量技术保障体系，明确质量技

术标准，制定质量控制技术措施。

②加大力度引进新工艺、新设备，及时更新生产技术体系，并加强技术培训。

③对拟使用的仪器设备进行仔细检查，以保证其满足项目需求。

④加强作业现场巡视和技术监测，及时掌握作业人员的作业状况，对可能出现的质量问题进行预判，并及时采取预防措施。

⑤分解质量目标，合理确定阶段性目标，保证质检技术和装备投入确保目标实现。

2.6　测绘成果质量检查的基本方法

测绘成果质量检查应根据项目合同、任务书、设计书等文件中规定的技术和质量要求进行。质量检查的基本方法主要有内业检查和外业核实。

2.6.1　内业检查

通过计算机自动检查、人机交互检查、人工检查等方法，在室内对测绘成果的质量特性进行检查。检查过程中可灵活采用各种方法，如利用已有高精度数据、专题数据等，与待检成果进行比对，从而判断成果是否存在质量问题。

（1）计算机自动检查

通过质检软件自动分析和判断结果，如数据类型检查、逻辑一致性检查、值域检查、各类统计计算等。

（2）人机交互检查

通过人机交互检查、筛选并人工分析和判断结果，如检查有向点的方向等。

（3）人工检查

不能通过软件检查的，需采用人工方式检查。如检查遥感影像数据的色彩异常、矢量要素的遗漏等。

在质量检查工作中，应优先使用计算机自动检查、人机交互检查。一般而言，内业检查能够对绝大部分检查项进行检查。

2.6.2 外业核实

外业核实即检查人员到野外进行实际测量、调绘、调查，获取被检数据与野外实际数据的差异，以确定被检成果是否错漏。如采用GNSS-RTK技术实地测量点位精度；检查图纸地形要素与实际地形的一致性，是否有错漏；检查房屋名称、层数等属性信息与实地是否一致等。

在外业核实过程中，对内业检查发现的疑似问题应进行全面、重点核实，对一般性问题可根据实际情况进行抽查核实。核实过程中还应考虑实地数据与被检数据的时间差异。

2.7 测绘成果质量检验工作的一般流程

测绘成果经最终检查合格后，可以委托专业质检机构进行质检验收。根据《数字测绘成果质量检查与验收》（GB/T 18316—2008）、《测绘成果质量检查与验收》（GB/T 24356—2009）相关规定，成果质量检验工作的一般流程如图2.2所示。

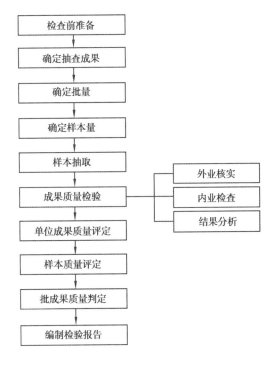

图2.2　成果质量检验工作的一般流程

2.7.1　检验前准备

检验前应对项目来源、项目合同、技术设计书、技术总结、生产周期等进行初步了解，明确受检成果的主要内容及主要质量要求。

2.7.2　确定检查成果

以项目合同为依据，根据提交的检验资料进行分析，明确检查成果的内容和要求。

2.7.3　组成批成果

批成果由在同一技术设计要求下生产的同一测区的、同一比例尺（或等级）单位成果汇集而成。生产量较大时，可根据生产时间的不同、作业方法不同或作业单位不同等条件分别组成批成果，实施分批检验。

根据测绘成果的内容与特性，一般采用概查和详查相结合的方式进行检验。

2.7.4 概查

概查阶段需结合项目合同、项目设计书、专业设计书、生产过程中的补充规定等相关技术文件，以及技术总结、检查报告、检查记录、生产所用仪器设备检定和检校资料等，对影响成果质量的重要质量特性和带倾向性的问题进行一般性检查，一般只记录A类、B类错漏和普遍性问题，如检查成果的完整性、规范性，坐标系统是否正确等。

2.7.5 确定样本量及抽样

根据表2.1的规定确定样本量。

表2.1 样本抽样表

批量	样本量
1～20	3
21～40	5
41～60	7
61～80	9
81～100	10
101～120	11
121～140	12
141～160	13
161～180	14
181～200	15
≥201	划分批次，批次数应最小，各批次的批量应均匀

注：当样本量等于或大于批量时，则全数检查。

样本应分布均匀，从以"点""景""幅""测段""幢"或"区域网"等为单位的检验批中随机抽取样本，一般采用简单随机抽样，也可根据生产方式或时间、等级等采用分层随机抽样。按样本量从成果批中提取样本，并提取单位成果的全部有关资料。

2.7.6 详查

详查是根据各单位成果的质量元素及检查项，按有关的规范、技术标准和技术设计的要求逐个检验单位成果并统计存在的各类错漏量、错误率、中误差等。

根据测绘成果类型的不同，依据《数字测绘成果质量检查与验收》（GB/T 18316—2008）、《测绘成果质量检查与验收》（GB/T 24356—2009）关于测绘成果质量元素、检查内容的规定，结合项目技术设计书，确定需要检查的质量元素、质量指标。检查采用内业比对分析检查（含计算机自动检查）、外业实地巡视和实地检测相结合的方式。

2.7.7 单位成果质量评定

单位成果质量评定通过单位成果质量分值评定质量等级，质量等级划分为优级品、良级品、合格品、不合格品四级。概查只评定合格品、不合格品两级；详查评定四级质量等级。

1）单位成果质量表征

单位成果的质量水平采用错误率、中误差等指标进行质量评定，并以百分制表征。单位成果质量子元素或检查项评分方法如下。

涉及中误差的质量子元素或检查项，按以下公式进行评分：

$$S = \begin{cases} 60 + \dfrac{40}{0.7 \times m_0}(m_0 - m) & m_0 \geq m > 0.3m_0 \\ 100 & m \leq 0.3m_0 \end{cases}$$

式中，S为涉及中误差的质量子元素或检查项得分值；m_0为中误差限值；m为中误差检测值。

高精度检测时，中误差计算按以下公式进行统计：

$$m = \pm \sqrt{\frac{\sum\limits_{i=1}^{n} \Delta_i^2}{n}}$$

同精度检测时，中误差计算按以下公式进行统计：

$$m = \pm \sqrt{\frac{\sum\limits_{i=1}^{n} \Delta_i^2}{2n}}$$

以上两式中，m为成果中误差；n为检测点（边）总数；Δ_i为较差。

涉及错误率的质量子元素或检查项，按以下公式进行评分：

$$S = \begin{cases} 60 + \dfrac{40}{r_0}(r_0 - r) & r_0 > 0 \text{ 且 } r \leqslant r_0 \\ 100 & r_0 = 0 \end{cases}$$

式中，S为涉及错误率的质量子元素或检查项得分值；r_0为错误率限值；r为错误率检测值，$r = \dfrac{n}{N} \times 100\%$（$n$为错误总数/不良区域的面积/元数据错误项数；$N$为全图要素总数/单位成果有效面积/元数据项数/格网点总数）。

单位成果质量表征见表2.2。

表2.2 单位成果质量表征

N取值内容	n取值内容	检查项
单位成果要素总数	错误总数	几何位移、矢量接边、属性精度、完整性、拓扑一致性、几何表达、地理表达、符号、注记
单位成果有效面积	不良区域的面积	影像特征
元数据项数	错漏个数	元数据内容错漏

注：统计全图要素总数时，以数据中所有点、线、面、注记要素的数学个数进行统计；DEM格网点总数即DEM行列数之积。

2）单位成果质量元素评分方法

①当质量元素的质量子元素或检查项出现检查结果不满足合格条件时，不计分，质量元素为不合格。

②当质量元素的质量子元素或检查项检查结果均满足合格条件时，质量元素按以下公式进行评分：

$$S_1 = \min(S_{1i})\,(i = 1, 2, \cdots, n)$$

式中，S_1 为质量元素得分值；S_{1i} 为质量元素中第 i 个质量子元素得分值；n 为质量元素中包含的质量子元素个数。

3）单位成果质量评分方法

①当质量元素出现不合格时，不计分，单位成果质量为不合格。

②当所有质量元素均合格时，单位成果质量按以下公式进行评分，附件质量不参与统计评分。

$$S = \min(S_i)\,(i = 1, 2, \cdots, n)$$

式中，S 为单位成果得分值；S_i 为第 i 个质量元素的得分值；n 为单位成果中包含的质量子元素个数。

4）单位成果质量评定

质量等级评定见表2.3。

表2.3　质量等级评定表

质量得分	质量等级
90分 ≤ S ≤ 100分	优级品
75分 ≤ S < 90分	良级品
60分 ≤ S < 75分	合格品
质量元素检查结果不满足规定的合格条件	不合格品
位置精度检查中粗差比例大于5%	
质量元素出现不合格	

2.7.8　批成果质量判定

批成果质量判定通过合格判定条件确定批成果的质量等级，质量等级划分为合格批、不合格批两级，批成果质量等级评定见表2.4。

表2.4　批成果质量等级评定表

质量等级	判定条件	后续处理
批合格	样本中未发现不合格的单位成果，且概查时未发现不合格的单位成果	测绘单位对验收中发现的各类质量问题均应修改
批不合格	样本中发现不合格单位成果，或概查中发现不合格单位成果，或不能提交批成果的技术性文档（如设计书、技术总结、检查报告等）和资料性文档（如接合表、图幅清单等）	测绘单位对批成果逐一查改合格后，重新提交验收

2.7.9　编制检验报告

每批成果需编制质量检验报告。检验工作中发现的问题应如实记载，检验数据及统计结果应真实可信，且应体现在检验报告中，检验报告包括以下内容：

①检验工作概况（包括仪器设备和人员组成情况等）；

②检验的目的；

③检验的时间与地点；

④检验的技术依据；

⑤检验的内容和方法；

⑥检验中发现的主要问题及处理意见；

⑦精度统计与质量评价；

⑧检验结论；

⑨其他意见和建议。

检验报告的内容、格式应按照《数字测绘成果质量检查与验收》（GB/T 18316—2008）的相关规定执行。

2.8　应急测绘成果质量管理

应急测绘是为国家应对自然灾害、事故灾难、公共卫生事件、社会安全等突发事件高效有序地提供地图、地理信息数据、公共地理信息服务平台等测绘成果，根据需要开展遥感监测、导航定位、地图制作等的技术服务。由于时间紧迫及各方面条件所限，应急测绘成果往往难以按照"二级检查一级验收"制度的要求进行检查验收，对其质量管理不应过于苛求，而应以满足实际需要为原则。

当应急工作使用的数据是已有测绘成果时，首先需研判该成果是否已经经过质检且是合格品。若是经过质检的合格成果，可直接应用到实际工作中；若未经质检或质检不合格，则需对成果可能影响工作的关键要素进行应急质量检查，并抓紧时间修改完善后方可投入使用。

当应急工作需要即时采集测绘数据时，由于受时间及现场条件所限，为了保证成果不影响使用，可只对成果部分关键要素进行质量检查。例如，对于应急遥感影像成果，可检查影像的坐标系统是否正确，影像的分辨率、色彩模式、清晰程度等是否满足要求，是否存在大面积的扭曲、变形、错位、拉花等；对于应急地图制图成果，可检查制图范围是否正确，图名、图廓、图例、比例尺、指北针等基本要素是否齐全、正确，有无严重影响使用的质量问题，等等。

另外，随着测绘行业的发展和应用的深入，部分新型成果已经超出了传统测绘的范畴，如地理分析、地理文化研究成果等，这些成果一般存在较强的主观性，从不同的角度进行评价，得出的结论也不同。对此类成果，可仅从项目与合同要求的一致性、引用数据的真实性及合规性、成果资料的规范完整性等方面进行检查。

3

基础测绘成果
质量管理

一般来说，基础测绘成果包括大地测量成果、工程测量成果、地籍测绘成果、房产测绘成果、行政区域和界线测绘成果、地图制图成果等多种类型。由于基础测绘成果在我国工程建设和地方经济发展中占据着重要的地位，因此其质量管理与控制显得十分必要。基础测绘成果的质量管理除遵循测绘成果质量管理的基本原则和方法以外，还需要根据成果的内容和形式，分别采取相应的质量检查策略。本书重点介绍几种典型的基础测绘成果的质量检查内容和要点。

3.1 大地测量成果的检查

大地测量成果主要包括GPS测量成果、三角测量成果、导线测量成果、水准测量成果等。

3.1.1 GPS测量成果的检查

GPS测量成果的质量主要包括数据质量、点位质量和资料质量等方面，根据

《测绘成果质量检查与验收》（GB/T 24356—2009），其具体检查内容如下。

1）数据质量

①数学精度：检查点位中误差与规范及设计书的符合情况，边长相对中误差与规范及设计书的符合情况。

②观测质量：检查仪器检验项目的齐全性、检验方法的正确性；观测方法的正确性、观测条件的合理性；GPS点分布的合理性和正确性、天线高测定方法的正确性；卫星高度角、有效观测卫星总数、时段中任一卫星有效观测时间、观测时段数、时段长度、数据采样间隔等参数的正确性等；观测手簿记录和注记的完整性和数字记录、划改的规范性；数据质量检验的符合性；规范和设计方案的执行情况；成果取舍和重复观测的正确性、合理性。

③计算质量：检查起算点选取的合理性和起始数据的正确性；起算点的兼容性及分布的合理性；坐标改算方法的正确性；数据使用的正确性和合理性；各项外业验算项目的完整性、方法的正确性，各项指标的符合性。

2）点位质量

①选点质量：检查点位布设及点位密度的合理性；点位观测条件的符合情况；点位选择的合理性；点之记内容的齐全性、正确性。

②埋石质量：检查埋石坑位的规范性和尺寸的符合性；标石类型和标石埋设规格的规范性；标志类型、规格的正确性；标石质量，如坚固性、规格等；托管手续内容的齐全性、正确性。

3）资料质量

①整饰质量：检查点之记和托管手续、观测手簿、计算成果等资料的规整性；技术总结、检查报告格式的规范性；技术总结、检查报告整饰的规整性。

②资料完整性：检查技术总结编写的齐全和完整情况；检查报告编写的齐全和完整情况；按规范或设计书上交资料的齐全性和完整情况。

3.1.2　三角测量成果的检查

三角测量成果的质量主要包括数据质量、点位质量和资料质量等方面，其具体检查内容如下。

（1）数据质量

①数学精度：检查最弱边相对中误差的符合性；最弱点中误差的符合性；测角中误差的符合性。

②观测质量：检查仪器检验项目的齐全性，检验方法的正确性；各项观测误差的符合性；归心元素的测定方法、次数、时间及投影偏差情况，觇标高的测定方法及量取部位的正确性；水平角的观测方法、时间选择、光段分布，成果取舍和重测的合理性和正确性；天顶距（或垂直角）的观测方法、时间选择，成果取舍和重测的合理性和正确性；观测手簿计算正确性、注记的完整性和数字记录、划改的规范性。

③计算质量：检查外业验算项目的齐全性，验算方法的正确性；验算数据的正确性及验算结果的符合性；已知三角点选取的合理性和起始数据的正确性。

（2）点位质量

①选点质量：检查点位密度的合理性；点位选择的合理性；锁段图形权倒数值的符合性；展点图内容的完整性和正确性；点之记内容的完整性和正确性。

②埋石质量：检查觇标的结构及视线关系的合理性；标石的类型、规格和预制的质量情况；标石的埋设和外部整饰情况；托管手续内容的齐全性和正确性。

（3）资料质量

①整饰质量：检查选点、埋石及验算资料整饰的齐全性和规整性；成果资料、技术总结、检查报告整饰的规整性。

②资料全面性：检查技术总结内容的齐全性和完整性；检查报告内容、上交资料的齐全性和完整性。

3.1.3 导线测量成果的检查

导线测量成果的质量主要包括数据质量、点位质量和资料质量等方面，其具体检查内容如下。

（1）数据质量

①数学精度：检查点位中误差的符合性；边长相对精度的符合性；方位角闭合差、测角中误差的符合性。

②观测质量：检查仪器检验项目的齐全性，检验方法的正确性；各项观测误差的符合性；归心元素的测定办法、次数、时间及投影偏差情况，觇标高的测定方法及量取部位的正确性；水平角和导线测距的观测方法、时间选择、光段分布，成果取舍和重测的合理性和正确性；天顶距（或垂直角）的观测方法、时间选择，成果取舍和重测的合理性和正确性；记簿计算的正确性、注记的完整性和数字记录、划改的规范性。

③计算质量：检查外业验算项目的齐全性，验算方法的正确性；验算数据的正确性及验算结果的符合性；已知三角点选取的合理性和起始数据的正确性；上交资料的齐全性。

（2）点位质量

①选点质量：检查导线网网形结构的合理性；点位密度的合理性；点位选择的合理性；展点图内容的完整性和正确性；点之记内容的完整性和正确性；导线曲折度。

②埋石质量：主要检查觇标的结构及视线关系的合理性；标石的类型、规格和预制的规整性；标石的埋设和外部整饰；托管手续内容的齐全性和正确性。

（3）资料质量

①整饰质量：检查选点、埋石及验算资料整饰的齐全性和规整性；成果资料、技术总结、检查报告整饰的规整性。

②资料完整性：检查技术总结内容的齐全性和完整性；检查报告内容、上交资料的齐全性和完整性。

3.1.4　水准测量成果的检查

水准测量成果的质量主要包括数据质量、点位质量和资料质量等方面，其具体检查内容如下。

（1）数据质量

①数学精度：检查每公里偶然中误差、全中误差的符合性。

②观测质量：检查测段、区段、路线闭合差的符合性；仪器检验项目的齐全性，检验方法的正确性；测站观测误差的符合性；对已有水准点和水准路线联测和接测方法的正确性；观测和检测方法的正确性；观测条件选择的正确性、合理性；成果取舍和重测的正确性、合理性；观测手簿计算的正确性、注记的完整性和数字记录、划改的规范性。

③计算质量：检查环闭合差的符合性；外业验算项目的齐全性，验算方法的正确性；已知水准点选取的合理性和起始数据的正确性。

（2）点位质量

①选点质量：检查水准路线布设及点位密度的合理性；路线图绘制的正确性；点位选择的合理性；点之记内容的齐全性、正确性。

②埋石质量：检查标石类型的正确性；标石埋设规格的规范性；托管手续内容的齐全性、正确性。

（3）资料质量

①整饰质量：检查观测、计算资料整饰的规整性；成果资料整饰的规整性；技术总结整饰的规整性；检查报告整饰的规整性。

②资料全面性：检查技术总结内容的齐全性和完整性；检查报告内容的齐全性和完整性；上交资料的齐全性和完整性。

3.2 工程测量成果的检查

工程测量成果主要包括平面控制测量成果、高程控制测量成果、大比例尺地形图、线路测量成果、管线测量成果、变形测量成果、施工测量成果以及水下地形测量成果等。

3.2.1 平面控制测量成果的检查

平面控制测量成果的质量主要包括数据质量、点位质量、资料质量等方面，具体检查内容如下。

（1）数据质量

①数学精度：检查点位中误差与规范及设计书的符合情况；边长相对中误差与规范及设计书的符合情况。

②观测质量：检查仪器检验项目的齐全性、检验方法的正确性；观测方法的正确性，观测条件的合理性；GPS点水准联测的合理性和正确性；归心元素、天线高测定方法的正确性；卫星高度角、有效观测卫星总数、时段中任一卫星有效观测时间、观测时段数、时段长度、数据采样间隔、PDOP值、钟漂、多路径影响等参数的规范性和正确性；观测手簿记录和注记的完整性和数字记录、划改的规范性，数据质量检验的符合性；水平角和导线测距的观测方法，成果取舍和重测的合理性和正确性；天顶距（或垂直角）的观测方法、时间选择，成果取舍和重测的合理性和正确性；规范和设计方案的执行情况；成果取舍和重测的正确性、合理性。

③计算质量：检查起算点选取的合理性和起始数据的正确性；起算点的兼容性及分布的合理性；坐标改算方法的正确性；数据使用的正确性和合理性；各项

外业验算项目的完整性、方法的正确性，各项指标的符合性。

（2）点位质量

①选点质量：点位布设及点位密度的合理性；点位满足观测条件的符合情况；点位选择的合理性；点之记内容的齐全性、正确性。

②埋石质量：检查埋石坑位的规范性和尺寸的符合性；标石类型和标石埋设规格的规范性；标志类型、规格的正确性；托管手续内容的齐全性、正确性。

（3）资料质量

①整饰质量：检查点之记和托管手续、观测手簿、计算成果等资料的规整性；技术总结、检查报告整饰的规整性。

②资料完整性：主要检查技术总结编写的齐全和完整情况；检查报告编写的齐全和完整情况；检查上交资料的齐全性和完整性情况。

3.2.2　高程控制测量成果的检查

高程控制测量成果的质量主要包括数据质量、点位质量以及资料质量等方面，其具体检查内容如下。

（1）数据质量

①数学精度：检查每公里高差中数偶然中误差的符合性；每公里高差中数全中误差的符合性；相对于起算点的最弱点高程中误差的符合性。

②观测质量：检查仪器检验项目的齐全性、检验方法的正确性；测站观测误差的符合性；测段、区段、路线闭合差的符合性；对已有水准点和水准路线联测和接测方法的正确性；观测和检测方法的正确性；观测条件选择的正确性、合理性；成果取舍和重测的正确性、合理性；记簿计算的正确性、注记的完整性和数字记录、划改的规范性。

③计算质量：检查外业验算项目的齐全性，验算方法的正确性；已知水准点

选取的合理性和起始数据的正确性；环闭合差的符合性。

（2）点位质量

①选点质量：检查水准路线布设、点位选择及点位密度的合理性；水准路线图绘制的正确性；点位选择的合理性；点之记内容的齐全性、正确性。

②埋石质量：检查标石类型的规范性和标石质量情况；标石埋设规格的规范性；托管手续内容的齐全性。

（3）资料质量

①整饰质量：检查观测、计算资料整饰的规整性，各类报告、总结、附图、附表、簿册的完整性，成果资料、技术总结、检查报告等的规整性。

②资料完整性：检查技术总结、检查报告编写内容的全面性及正确性；提供成果资料项目的齐全性。

3.2.3 大比例尺地形图成果检查

大比例尺地形图的质量主要包括数学精度、数据及结构正确性、地理精度、整饰质量、附件质量等，其具体检查内容如下。

（1）数学精度

①数学基础：检查坐标系统、高程系统的正确性；各类投影计算、使用参数的正确性；图根控制测量精度；图廓尺寸、对角线长度、格网尺寸的正确性；控制点间图上距离与坐标反算长度较差。

②平面精度：检查平面绝对位置中误差；平面相对位置中误差；接边精度。

③高程精度：检查高程注记点高程中误差；等高线高程中误差；接边精度。

（2）数据及结构正确性

数据及结构正确性主要检查文件命名、数据组织的正确性；数据格式的正确性；要素分层的正确性、完备性；属性代码的正确性；属性接边质量。

（3）地理精度

地理精度主要检查地理要素的完整性与正确性；地理要素的协调性；注记和符号的正确性；综合取舍的合理性；地理要素接边质量。

（4）整饰质量

整饰质量主要检查符号、线划、色彩质量；注记质量；图面要素协调性；图面、图廓外整饰质量。

（5）附件质量

附件质量主要检查元数据文件的正确性、完整性；检查报告、技术总结内容的全面性及正确性；成果资料的齐全性；各类报告、附图（接合图、网图）、附表、簿册整饰的规整性；资料装帧。

3.2.4　线路测量成果的检查

线路测量成果的质量主要包括数据质量、点位质量、资料质量等方面，其具体检查内容如下。

（1）数据质量

①数学精度：检查平面控制测量、高程控制测量、地形图成果数学精度；点位或桩位测设成果数学精度；断面成果精度与限差的符合情况。

②观测质量：检查控制测量成果。

③计算质量：检查验算项目的齐全性和验算方法的正确性；平差计算及其他内业计算的正确性。

（2）点位质量

①选点质量：检查控制点布设及点位密度的合理性；点位选择的合理性。

②造埋质量：检查标石类型的规范性和标石质量情况；标石埋设规格的规范

性；点之记、托管手续内容的齐全性、正确性。

（3）资料质量

①整饰质量：检查观测、计算资料整饰的规整性；技术总结、检查报告整饰的规整性。

②资料完整性：检查技术总结、检查报告内容的全面性；提供项目成果资料的齐全性，各类报告、总结、图、表、簿册整饰的规整性。

3.2.5 管线测量成果的检查

管线测量成果的质量主要包括控制测量精度、管线图质量、资料质量等方面，其具体检查内容如下。

（1）控制测量精度

检查平面控制测量、高程控制测量。

（2）管线图质量

①数学精度：检查明显管线点量测精度；管线点探测精度；管线开挖点精度；管线点平面、高程精度；管线点与地物相对位置精度。

②地理精度：检查管线数据各管线属性的齐全性、正确性、协调性；管线图注记和符号的正确性；管线调查和探测综合取舍的合理性。

③整饰质量：检查符号、线划质量；图廓外整饰质量；注记质量；接边质量。

（3）资料质量

①资料完整性：检查工程依据文件；工程凭证资料；探测原始资料；探测图表、成果表；技术报告书（总结）。

②整饰规整性：检查依据资料、记录图表归档的规整性；各类报告、总结、图、表、簿册整饰的规整性。

3.2.6　变形测量成果的检查

变形测量成果的质量主要包括数据质量、点位质量、资料质量等方面，其具体检查内容如下。

（1）数据质量

①数学精度：检查基准网精度；水平位移、垂直位移测量精度。

②观测质量：检查仪器设备的符合性；规范和设计方案的执行情况；各项限差与规范或设计书的符合情况；观测方法的规范性，观测条件的合理性；成果取舍和重测的正确性、合理性；观测周期及中止观测时间确定的合理性；数据采集的完整性、连续性。

③计算分析：检查计算项目的齐全性和方法的正确性；平差结果及其他内业计算的正确性；成果资料的整理和整编；成果资料的分析。

（2）点位质量

①选点质量：检查基准点、观测点布设及点位密度、位置选择的合理性。

②造埋质量：检查标石类型、标志构造的规范性和质量情况；标石、标志埋设的规范性。

（3）资料质量

①整饰质量：检查观测、计算资料整饰的规整性；技术报告、检查报告整饰的规整性。

②资料完整性：检查技术报告、检查报告内容的全面性；提供成果资料项目的齐全性；技术问题处理的合理性。

3.2.7　施工测量成果的检查

施工测量成果的质量主要包括数据质量、点位质量、资料质量等方面，其具体检查内容如下。

（1）数据质量

①数学精度：检查控制测量精度；点位或桩位测设成果数学精度。

②观测质量：检查仪器检验项目的齐全性、检验方法的正确性；技术设计和观测方案的执行情况；水平角、天顶距、距离观测方法的正确性，观测条件的合理性；成果取舍和重测的正确性、合理性；手工记簿计算的正确性、注记的完整性和数字记录、划改的规范性；电子记簿记录程序的正确性和输出格式的标准化程度；各项观测误差与限差的符合情况。

③计算质量：检查验算项目的齐全性和验算方法的正确性；平差计算及其他内业计算的正确性。

（2）点位质量

①选点质量：检查控制点布设及点位密度的合理性；点位选择的合理性。

②造埋质量：检查标石类型的规范性和标石质量情况；标石埋设规格的规范性；点之记内容的齐全性、正确性；托管手续内容的齐全性。

（3）资料质量

①整饰质量：检查观测、计算资料整饰的规整性；技术总结、检查报告整饰的规整性。

②资料完整性：检查技术总结、检查报告内容的全面性；提供成果资料项目的齐全性。

3.2.8　水下地形测量成果的检查

水下地形测量成果的质量主要包括数据质量、点位质量、资料质量等方面，其具体检查内容如下。

（1）数据质量

①观测仪器：检查仪器选择的合理性；仪器检验项目的齐全性、检验方法的

正确性。

②观测质量：检查技术设计和观测方案的执行情况；数据采集软件的可靠性；观测要素的齐全性；观测时间、观测条件的合理性；观测方法的正确性；观测成果的正确性、合理性；岸线修测、陆上和海上具有引航作用的重要地物测量、地理要素表示的齐全性与正确性；成果取舍和重测的正确性、合理性；重复观测成果的符合性。

③计算质量：检查计算软件的可靠性；内业计算验算情况；计算结果的正确性。

（2）点位质量

①观测点位：检查工作水准点埋设、验潮站设立、观测点布设的合理性、代表性；周边自然环境。

②观测密度：检查相关断面线布设及密度的合理性；观测频率、采样率的正确性。

（3）资料质量

①观测记录：检查各种观测记录和数据处理记录的完整性。

②附件及资料：检查技术总结内容的全面性和规格的正确性；提供成果资料项目的齐全性；成果图绘制的正确性。

3.3　地籍测绘成果的检查

地籍测绘成果主要包括地籍控制测量、地籍细部测量、地籍图和宗地图。

3.3.1　地籍控制测量成果的检查

地籍控制测量的质量主要包括数据质量、点位质量和资料质量等方面，其具体检查内容如下。

（1）数据质量

①起算数据：检查起算点坐标的正确性和相关控制资料的可靠性。

②数学精度：检查基本控制点精度的符合性。

③观测质量：检查仪器检验项目的齐全性，检验方法的正确性；观测方法的正确性；各种记录的规整性；成果取舍和重测的正确性、合理性；各项观测误差的符合性。

④计算质量：检查平差计算的正确性。

（2）点位质量

①选点质量：检查控制网布设合理性；点位选择的合理性和点之记内容的齐全性、清晰性。

②埋设质量：检查标石类型的正确性；标志设置的规范性和标石埋设的规整性。

（3）资料质量

①整饰质量：检查观测和计算资料整饰的规整性；成果资料整饰的规整性；技术总结和检查报告的规整性。

②资料完整性：检查成果资料的完整性；技术总结内容和检查报告内容的完整性。

3.3.2　地籍细部测量成果的检查

地籍细部测量成果的质量主要包括界址点测量、地物点测量和资料质量等方面，其具体检查内容如下。

（1）界址点测量

①观测质量：检查测量方法的正确性；观测手簿记录、属性记录和草图绘制

的正确性、完整性；界址点测量方法的正确性；各项观测误差与限差的符合正确性。

②数学精度：检查界址点相对位置精度；界址点绝对位置精度；宗地面积量算精度。

（2）地物点测量

①观测质量：检查测量方法的正确性；观测手簿记录、属性记录和草图绘制的正确性、完整性；地物、地类测量精度；各项观测误差与限差的符合情况。

②数学精度：检查地物点相对位置精度和地物点绝对位置精度。

（3）资料质量

①整饰质量：检查观测和计算资料整饰的规整性；成果资料整饰和技术总结、检查报告的规整性。

②资料完整性：检查成果资料的完整性；技术总结、检查报告内容的完整性。

3.3.3　地籍图的检查

地籍图的质量主要包括数学精度、要素质量和资料质量等方面，其具体检查内容如下。

（1）数学精度

①数学基础：检查图廓边长与理论值之差；公里网点与理论值之差；展点精度；两对角线较差；图廓对角线与理论之差。

②平面位置：检查界址点、线平面位置精度；地物点平面位置精度；地类界的平面位置精度。

（2）要素质量

①地籍要素：检查地籍要素表示的正确性。

②其他要素：检查地物要素的正确性；综合取舍的合理性；各要素协调性；图幅接边的正确性。

（3）资料质量

①整饰质量：检查注记和符号的正确性；整饰的规整性、正确性。

②资料完整性：检查结合图、编图设计和总结的正确性、全面性。

3.3.4 宗地图的检查

宗地图的质量主要包括数学精度、要素质量和资料质量等方面，其具体检查内容如下。

（1）数学精度

①界址点精度：检查界址点平面位置精度和界址边长精度。

②面积精度：检查宗地面积的正确性。

（2）要素质量

①地籍要素：检查宗地号、宗地名称、界址点符号及编号、界址线、相邻宗地表示的正确性。

②其他要素：检查地物、地类号等表示的正确性。

（3）资料质量

①整饰质量：检查注记和符号的正确性；注记和符号的规范性。

②资料完整性：检查设计和总结的全面性。

3.4 房产测绘成果的检查

房产测绘成果主要包括房产平面控制测量、房产要素测量、房产图、房产面积测算和房产簿册。

3.4.1　房产平面控制测量成果的检查

房产平面控制测量的质量主要包括选埋质量、观测质量和附件质量等方面，其具体检查内容如下。

（1）选埋质量

①选点质量：检查控制网布设、点位选择的合理性，检查点之记内容的完整性、正确性。

②埋石质量：检查埋石点标石类型的正确性，检查埋石点标志设置的规范性，检查埋石点标石埋设的规整性。

（2）观测质量

①起算数据：检查起算点坐标的正确性，检查相关控制资料的可靠性。

②数学精度：检查各项精度指标与限差的符合情况。

③观测质量：检查观测方法的正确性，检查各种记录的规整性，检查成果取舍和重测的正确性、合理性，检查各项观测误差与限差的符合情况。

④计算质量：检查数据解算的正确性，检查计算项目的齐全性、正确性。

（3）附件质量

①整饰质量：检查选点、埋石及验算资料整饰的齐全性和规整性，检查成果资料、技术总结和检查报告整饰的规整性。

②资料完整性：检查技术总结和检查报告编写的齐全性和完整情况，检查上交资料的齐全性和完整情况。

3.4.2　房产要素测量成果的检查

房产要素控制测量的质量主要包括界址测量、房屋及其附属设施测量、相关地物测量和资料质量等方面，其具体检查内容如下。

（1）界址测量

①观测质量：检查测量方法的正确性，检查界址点、境界的正确性，检查观测手簿记录、属性记录和草图绘制的正确性、完整性。

②数学精度：检查各项观测误差与限差的符合正确性，检查界址点相对位置的精度，检查界址点绝对位置的精度。

（2）房屋及其附属设施测量

①观测质量：检查观测方法的正确性，检查观测手簿记录、属性记录和草图绘制的正确性、完整性。

②数学精度：检查各项观测误差与限差的符合情况，检查房角点相对位置的精度，检查房角点绝对位置的精度。

（3）相关地物测量

①观测质量：检查观测方法的正确性，检查观测手簿记录、属性记录和草图绘制的正确性、完整性。

②数学精度：检查地物点相对位置和绝对位置的精度。

（4）资料质量

①整饰质量：检查成果资料的规范性和整饰、装订的美观性，检查技术总结和检查报告的规整性。

②资料完整性：检查成果资料的齐全性、完整性，技术总结和检查报告内容的完整性。

3.4.3 房产图（分幅图、分丘图）的检查

房产图的质量主要包括数学精度、要素质量和资料质量等方面，其具体检查内容如下。

1）分幅图

（1）数学精度

①数学基础：检查坐标系统的正确性，检查各类投影计算、使用参数的正确性，检查图根控制测量的精度，检查图廓尺寸、对角线长度、格网尺寸的正确性，检查控制点间图上距离与坐标反算长度较差。

②平面位置：检查界址点、线平面位置的精度，检查境界点、线平面位置的精度，检查房角点、地物点平面位置的精度。

（2）要素质量

检查房产要素表示的正确性，各要素协调性，综合取舍的合理性，图幅接边的正确性。

（3）资料质量

①整饰质量：检查注记和符号的正确性，检查整饰的规整性、正确性。

②资料完整性：检查结合图、编图设计和总结的正确性、全面性。

2）分丘图

（1）数学精度

①界址点精度：检查界址点平面位置的精度，检查界址边长的精度。

②丘面积精度：检查丘面积的正确性。

（2）要素质量

检查丘号、界址点编号、地类号表示、邻丘表示的正确性。

（3）资料质量

①整饰质量：检查注记和符号的正确性、规整性。

②资料完整性：检查设计和总结的齐全性、规范性。

3.4.4 房产面积测算成果的检查

房产面积测算的质量主要包括数学精度、观测质量、计算质量和资料质量等方面，其具体检查内容如下。

（1）数学精度

检查房产面积测算的精度。

（2）观测质量

检查测量人员持证上岗的符合性，检查房产测量方法的规范性、正确性（含房屋外围、内部、附属设施、墙体厚度测量），检查测量记录的规范性、正确性（含测量草图、房屋基本情况调查表）。

（3）计算质量

检查房产面积技术依据的正确性，检查房屋边长测量数据处理、非实测数据采用的正确性、合理性，检查计算全部面积、计算一半面积和不计算面积的规定执行的正确性，检查共有公用面积分摊、计算的正确性，检查分类面积数据计算的齐全性，检查非商用面积计算软件验证的符合性。

（4）资料质量

检查房产面积测量基本要件收集的完整性、有效性，检查成果报告（含图表数据）的规范性、正确性、完整性。

3.4.5 房产簿册成果的检查

房产簿册的质量主要包括房产要素调查和房产簿册、表等方面，其具体检查内容如下。

（1）房产要素调查

检查调查内容的正确性、完整性、可靠性，检查地块编号的正确性，检查调查内容填写的清晰程度、规整程度。

（2）房产簿册、表

检查内容的正确性、完整性、可靠性，检查内容填写的清晰程度和装订的规整程度。

3.5 航空摄影测量与遥感成果质量管理

3.5.1 概述

航空摄影测量指的是在飞机上用航摄仪器对地面连续摄取像片，结合地面控制点测量、调绘和立体测绘等步骤，绘制出地形图的作业过程。航空摄影测量单张像片测图的基本原理是中心投影的透视变换，立体测图的基本原理是投影过程的几何反转。

自摄影测量引入我国以来，国内在数字摄影测量领域的研究和实践发展非常迅速，并且在国土测绘、资源调查、灾害监测等方面逐渐得到广泛的应用。目前阶段，伴随着数字航摄仪DMC、IMU/DGPS、LI-DAR激光测高扫描系统等航拍测绘新技术的产生运用，航空摄影测绘技术必然将变成大比例尺地图的主要测绘方式，并得到越来越广泛的应用。

1）主要作业内容

目前，航空摄影测量的主要产品为DLG、DEM和DOM，其生产过程相互关联。根据作业阶段的不同，航空摄影测量的作业过程可分为外业和内业，其流程如图3.1所示。

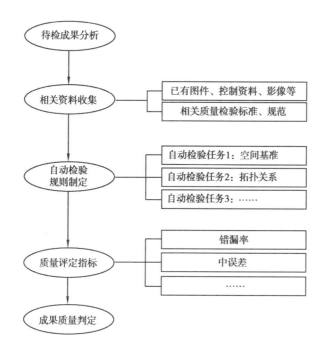

图3.1 航空摄影测量流程图

航空摄影测量外业工作主要是根据收集的测区相关资料，使用飞机搭载相机完成测区的航空飞行并获取地面像片的整个过程，具体包括以下内容。

①测区踏勘。对不熟悉的测区或地势复杂的测区，应进行实地踏勘，了解测区内与生产和生活有关的各个方面，如起落点选择、测区地势概况及布局等。

②像片控制测量。像片控制点（简称像控点）一般是航摄前在地面上布设的标志点，也可选用地面上明显的地物点（如道路交叉点、球场标志线、交通标志线等），要求标志点尽量处于地面上。高程点的布设可以采用平面控制点和高程控制点结合布设的方法，也可以直接布设平高控制点。控制点的测量可采用测距导线、等外水准、高程导线或RTK测量等普通测量方法来测定其平面坐标和高程。

③航摄设计及飞行。根据收集的测区资料和测区内地形起伏，合理设计航摄

分区及路线，在满足分辨率要求的情况下覆盖整个测区且尽量减少飞行架次及时间。根据设计的路线实施航空飞行并获取地面点的像片数据。

④像片调绘。在DLG成果生产初步完成后，在像片上通过判读，用规定的地形图符号绘注地物、地貌等要素，测绘没有影像的和新增的重要地物，注记通过调查所得的地名等内容。

航空摄影测量内业工作为获取的对原始数据通过计算和处理得到最终成果的过程，具体包括以下内容。

①空中三角测量。以像片控制点为基础，在室内进行控制点加密，求得加密点的高程和平面位置的测量方法。其主要目的是为缺少野外控制点的地区测图提供绝对定向的控制点，一般分为模拟空中三角测量和解析法空中三角测量。

②内业编辑。根据所生产的产品类型进行相应的数据处理和编辑工作，主要包括正射纠正、特征线采集、影像镶嵌、影像匀色、调绘成果修改与编辑、分幅与编号等。

2）关键技术

航空摄影测量的主题，是将地面的中心投影（航摄像片）变换为正射投影（地形图）。这一问题可以采取许多途径来解决，如图解法、模拟法（又称光学机械法）和解析法等。在每一种方法中还可细分出许多具体方法，而每种具体方法又有其特有的理论。其中有些概念和理论是基础性的，带有某些共性，如像片的内方位元素和外方位元素、相对定向、模型的绝对定向和立体观察等技术。

（1）像片的内方位元素和外方位元素

内方位元素系指摄影机主距f和摄影机物镜后节点在像平面的正投影位于框标坐标系中的坐标值（x_0，y_0）。这些数值通过对航摄机鉴定得出，故内方位元素总是已知的。内方位元素用以确定摄影物镜后节点（像方）同像片间的相关位置。利用它可以恢复摄影时的摄影光线束。确定摄影光线束在摄影时的空间位置的数据，叫做像片或摄影的外方位元素。外方位元素有6个数值，包括摄影中心S在某一空间直角坐标系中的3个坐标值X_s、Y_s、Z_s和用来确定摄影光线束在空间方位的3个角定向元素ϕ、ω、k角。这些外方位元素都是针对着某一个模型坐标系$O—XYZ$而定义的。模型坐标系的X坐标轴近似地位于摄影的基线方向，Z坐标轴近似地与地面点的高程方向相符。在模型坐标系内所建立的立体模型必须在绝对定向后才能取得立体模型的正确方位。

（2）相对定向

相对定向是确定像片对相互位置关系的过程。模拟法相对定向是在立体测图仪上进行，其理论基础是使空间所有的同名光线都成对相交。当同名光线不相交时，则在仪器的观测系统中可以观察到上下视差（常用Q表示）。上下视差就是两条同名射线在空间不相交时在垂直于摄影基线方向中存在的距离。此时将投影器作微小的直线移动或转动，就可以消除这个距离。理论上只要能够在适当分布的5个点处同时消除该点处的上下视差，就认为已经获得在这个立体像对内全部上下视差的消除，从而完成了相对定向，得出立体模型。相对定向的解析法是在像片上量测各同名像点的像点坐标，例如对左像片为x_1、y_1，对右像片为x_2、y_2。根据同名射线共面条件的理论可以推导出这些量测值与相对定向元素的关系式。理论上只要测得5对同名像点的像点坐标值，就能够解算出该像片对的5个相对定向元素。同名点在左右像片上的纵坐标差（y_1-y_2）习惯上也称为上下视差，用符号q表示。

（3）模型的绝对定向

在摄影测量中，相对定向所建立的立体模型常处在暂时的或过渡性的模型坐标系中，而且比例尺也是任意的，因此必须把它变换至地面测量坐标系中，并使其符合规定的比例尺，方可测图，这个变换过程称为绝对定向。绝对定向的数学基础是三维线性相似变换，它的元素有7个：3个坐标原点的平移值，3个立体模型的转角值和1个比例尺缩放率。

（4）立体观察

立体观察的原理是建立人造立体视觉，即将像对上的视差反映为人眼的生理视差后得出的立体视觉。得到人造立体视觉须具备3个条件：①由两个不同位置（一条基线的两端）拍摄同一景物的两张像片（称为立体像对或像对）；②两只眼睛分别观察像对中的一张像片；③观察时像对上各同名像点的连线要同人的眼睛基线大致平行，而且同名像点间的距离一般要小于眼基线（或扩大后的眼基距）。若用两个相同标志分别置于左右像片的同名像点上，则立体观察时就可以看到在立体模型上加入了一个空间的测标。为便于立体观察，可借助于一些简单的工具，如桥式立体镜和反光立体镜。对于那种利用两个投影器把左右像片的影像同时叠合地投影在一个承影面上的情况，可采用互补色原理或偏振光原理进行立体观察，并用一个具有测标的测绘平台量测。

3.5.2　航空摄影测量成果质量管理

1）像片控制测量成果质量检验

像片控制测量成果的质量检验内容主要是控制点的布设与测量精度两个方面，其检验根据《数字测绘成果质量检查与验收》（GB/T 18316—2008）划分为6个质量元素、16个质量子元素，共检查22项。像片控制测量成果质量检验的权重和具体内容应包含以下内容。

（1）数据质量

①数学精度：又分平面位置精度和高程精度，采用室内分析比较结合室外测量的方法进行质量检查。平面位置精度先采用核查分析的方法，通过室内审核像控点的平差处理数据报告，分析检查数据的平面位置中误差是否符合设计要求。

高程精度检查也采用核查分析的方法，通过室内审核像控点的高程平差处理报告，分析检查数据的高程中误差是否符合设计要求。经室内分析检验后，抽取一定比例的样本进行野外重复测量比对。

②观测质量：采用核查分析的方法，通过室内检查外业数据的记录和内业处理，检查观测记录是否规整、齐全，编号是否规范性，检查观测数据记录的各项要求，采用仪器的是否符合计量检定要求，计算方法和过程是否规范，成果是否正确。

（2）布点质量

审查像控点的选点数量、位置是否符合规范要求；检查像控点的编号是否规范、区域网划分是否正确；检查布设点位是否符合观测要求和设计要求，控制点刺点是否符合要求；像控点、略图、注记说明是否齐全、完备与正确。

（3）整饰质量

审查像控点的判读、刺点是否正确，像控点整饰是否符合规范要求，检查像控点、略图、注记说明是否正确，点编号是否唯一。

（4）附件质量

检查附件资料的完整性和规范性。完整性检查包括检查略图、成果表、像控点等内容是否有错漏。规范性检查包括核查分析各种基本资料、参考资料文件组织的规范性及内容编写的规范性、正确性和权威性。

2）空中三角测量成果质量检查

空中三角测量过程是基于像控点测量成果进行的，其检查内容与像片控制测量类似，主要考察其点位布设的计算精度。空中三角测量成果的检验根据《数字测绘成果质量检查与验收》（GB/T 18316—2008）实施，概略划分为3个质量元素、7个质量子元素，共检查10项，其质量检验内容和方法如下。

（1）采用室内核查分析的100%概查

采用室内核查分析的方法对空中三角测量成果进行比对检查。比对技术设计和规范的要求：检查采用的坐标系、高程基准、投影是否正确；连接点、基本定向点、检查点、公共点平面位置精度和高程精度是否满足规范要求；检查区域网间接边精度是否满足规范要求；根据空中三角测量报告分析计算相对定向精度、多余控制点不符值、公共点较差等是否满足规范要求；分析检查平面控制点和高程控制点是否超基线布控；定向点、检查点设置是否合理、正确；加密点点位选择是否正确、合理。

（2）采用软件重新计算的详查

必要时应进行此检查步骤，根据区域网数量按照抽样原则抽样，采用空间三角测量专业软件重新计算，比对计算成果与检验样本的符合性。

3）数字正射影像成果质量检查

数字正射影像成果即DOM成果，检查内容包含多个方面，可概括为精度检查和影像质量检查两个方面。数字正射影像成果的检验根据《数字测绘成果质量检查与验收》（GB/T 18316—2008），概略划分为6个质量元素、12个质量子元素，共检查24项，其质量检验的内容和方法如下。

（1）数学基础

根据相关资料，利用程序自动检查或调用数据直接查看，核查分析数据的平面坐标系统和高程基准、地图投影参数、图廓角点坐标是否正确。

（2）平面精度

平面精度检查主要包含控制点坐标检查、影像平面精度检测及接边检查三个方面。控制点坐标检查要对照原始资料检查控制点平面位置、坐标值的正确性。影像平面精度检测利用野外实测、空三加密、立体模型或其他成果（精度不低于被检成果）采集的平面检测点，与成果中同名点平面值比较，经过分析剔除粗差后，统计计算出地物点平面绝对位置中误差。利用生产过程及成果数据资料，采用核查分析方式，核查分析生产流程、作业方式、过程质量控制等是否符合相关技术要求，以核查成果平面精度的符合性。接边检查是利用程序自动检查或调用相邻图幅比对分析图幅位置接边是否满足技术设计要求。

（3）逻辑一致性

逻辑一致性主要是通过室内概查的方式检查数据格式是否满足设计要求。

（4）时间精度

时间精度是通过对飞行记录表及项目技术总结、工作总结等相关文档的查阅，检查航空飞行时间是否满足设计规定的现势性要求。

（5）影像质量

影像质量的检查包括影像覆盖检查、影像地面分辨率检查和影像特征检查三个方面。影像覆盖是通过将数字正射影像成果的图幅范围与设计或甲方提供的测区范围线进行套合比较，检查成果是否完整覆盖整个测区、是否存在漏洞等情况，若因为测区范围含军事禁飞区等特殊情况而造成漏洞的，检查其处理方法是否满足项目合同和技术设计要求。影像地面分辨率检查是根据地面分辨率计算公式来计算数字正射影像的分辨率是否满足要求。影像特征检查主要采用人机交互的方式，检查色彩模式是否满足要求；影像色调不均匀、明显失真、反差不明显区域的分布情况；影像噪声的影响程度；数据处理时造成的纹理不清、清晰度差、影像模糊、裂缝、漏洞等无法判断影像信息或像素缺损、丢失的程度；是否存在明显异常值、RGB值，影像的背景信息是否纯净、色彩是否自然过渡等。

（6）附件质量

附件质量包括数据组织的正确性和数据格式的正确性。数据组织的正确性主要包括检查文件的命名（包括分幅和单景的）是否满足技术设计相关要求；检查数据的存储、组织是否符合要求；检查数据文件是否缺失，是否存在数据无法读出的情况。数据格式的正确性是指检查数据文件格式及内容是否满足技术设计要求。

4）数字线划成果质量检查

数字线划成果通常指DLG成果，即采用航空摄影测量方式生产得到的数字线划地形图。数字线划成果的检查内容相对较多，根据《数字测绘成果质量检查与验收》（GB/T 18316—2008）划分了8个质量元素、18个质量子元素，共检查43项，其质量检验的内容和方法如下。

（1）空间参考系

根据相关资料，利用程序自动检查或调用数据直接查看，核查分析数据的平面坐标系统和高程基准、地图投影参数、图廓角点坐标、公里格网点坐标是否正确。

（2）位置精度

位置精度检查包括控制精度、图面精度、接边精度等相关检查，具体细分为以下5项。

①平面和高程精度的检测。利用野外实测、空三加密、立体模型或其他成果（精度不低于被检成果）采集的平面（或高程）检测点，与成果中同名点平面或高程值（等高线应根据检测点相邻等高线内插出相应的高程值）比较，经过分析剔除粗差后，统计计算出地物点平面绝对位置中误差、高程注记点的高程中误差、等高线的高程中误差。实地检测方法如下：利用基准体系成果采用网络RTK测量方式对明显地物地形点的平面位置、高程进行测量，检测点数量每幅图选取30个左右。利用生产过程及成果数据资料，采用核查分析方式，核查分析生产流程、作业方式、过程质量控制等是否符合相关技术要求，以核查成果平面和高程精度的符合性。

②等高距检查。根据成果等高线计算出地面坡度和图幅高差，核查分析成果等高距是否符合规范要求。

③控制点坐标检查。对照原始资料检查控制点平面位置、高程坐标值的正

确性。

④几何位移检查。实地检查或室内对照调绘片、DOM等参考资料核查分析点、线、面要素平面位置是否偏移。

⑤矢量接边检查。利用程序自动检查或调用相邻图幅比对分析线状和面状要素位置接边的正确性。

（3）属性精度

除采用实地检查或对照调绘片、相关资料比对分析各要素属性值的正确性外，还可利用程序自动检查有逻辑关系的要素属性值的符合性及线状和面状要素属性值接边的正确性，包括要素分类代码值和属性值的错漏、不接边等情况。

（4）完整性

完整性即实地检查或对照调绘片、DOM等数据源资料比对分析要素是否有多余或放错层、要素遗漏等情况。

（5）逻辑一致性

逻辑一致性包括概念一致性检查、格式一致性检查和拓扑一致性检查。概念一致性检查即利用程序自动检查或调用数据核查分析数据集（层）的定义是否符合要求，属性项的名称、类型、长度、顺序、个数等是否正确。格式一致性检查是利用程序自动检查或调用数据核查分析数据文件的存储、组织、归档是否符合要求，数据文件格式、文件命名是否正确，数据文件有无缺失、多余，数据是否可读。拓扑一致性检查是利用程序自动检查或调用数据核查分析数据拓扑关系是否符合要求，包括要素不重合、重复采集、要素未相接、要素不连续、要素不闭合、要素未打断等情况。

（6）时间精度

时间精度即核查分析生产中使用的各种资料的现势性是否符合要求，各种资料的运用是否符合现势性要求。

（7）表征质量

表征质量主要检查地形图的几何表达和地理表达。几何表达是要利用程序自动检查或调用数据核查分析点、线、面要素几何表达的正确性、几何图形异常的个数等。地理表达是利用程序自动检查或调用数据核查分析要素取舍、图形概括、要素相关关系、要素的方向特征是否符合要求等。

（8）附件质量

跟上述成果附件检查内容一致，附件质量主要检查数据的完整性和正确性，重点检查内容包括：

①元数据检查。利用程序自动检查或调用数据核查分析元数据文件的组织、命名、格式、个数、顺序是否正确，项有无错漏；核查分析各项内容的填写有无错漏。

②技术文档。核查分析各种基本资料、参考资料的完整性、正确性和权威性；技术设计、技术总结、检查报告、原始记录及其他文档资料的齐全性、规整性。

5）数字高程模型成果质量检查

数字高程模型成果即DEM成果，主要检查内容为成果的高程精度。数字高程模型成果的检验根据《数字测绘成果质量检查与验收》（GB/T 18316—2008）划分了6个质量元素、10个质量子元素，共检查20项，其质量检验的内容和方法如下。

（1）空间参考系

空间参考系通过审核DEM生产方式和生产采用资料源的坐标系统，分析检查数据的平面坐标系统和高程基准是否符合设计要求，检查成果数据各项地图投影参数是否正确。

（2）高程精度

高程精度主要检查三个方面：一是高程中误差，是利用野外网络RTK实测、空三加密、立体模型、其他成果（精度不低于被检成果）采集的高程检测点，与DEM内插点高程比较，计算高程较差，经过分析剔除粗差后，统计计算出DEM内插点高程中误差。二是高程接边误差，即将相邻图幅同名格网点高程值进行比较，计算高程接边误差，检查是否符合要求。三是套合差，即将DEM成果反生成的等高线，与生成DEM的原始等高线或其他高精度成果等高线比较，检查两者的符合性。

（3）逻辑一致性

逻辑一致性是利用程序自动检查或调用数据核查分析数据文件的存储、组织、归档是否符合要求，数据文件格式、文件命名是否正确，数据文件有无缺失、多余，数据是否可读。

（4）时间精度

时间精度即核查分析生产中使用的各种资料的现势性是否符合要求，各种资料的运用是否符合现势性要求。

（5）栅格质量

栅格质量是利用程序自动检查或调用数据核查DEM格网尺寸、格网范围（起止点格网坐标和格网的行列数）是否正确。

（6）附件质量

①元数据。利用程序自动检查或调用数据核查分析元数据文件的组织、命名、格式、个数、顺序是否正确，项有无错漏；核查分析各项内容的填写有无错漏。

②技术文档。核查分析各种基本资料、参考资料的完整性、正确性和权威性；技术设计、技术总结、检查报告、原始记录及其他文档资料的齐全性、规

整性。

3.5.3 航空摄影测量成果质量管理实践案例

某市开展农村土地承包经营权确权登记颁证项目，该市C县的建设主管部门与一家测绘甲级单位签订了项目合同，开展全县1：2 000数字正射影像、数字高程模型和数字线划图生产，合同期为6个月。该测绘单位计划采用无人飞行器开展全县的影像采集，并在实施飞行之前向该县测绘主管部门收集到了5年前全县的1：10 000地形图和部分C级控制点。合同规定项目完成后由测绘单位将所生产的各类成果提交至该市的测绘产品质量检验测试中心进行质量检验，项目成果检验合格后才能开展项目验收。

该市测绘产品质量检验测试中心严格按照国家、行业、地方相关标准规范和制定的测绘成果质量检验流程开展测绘单位所提交的最终成果的质量检验工作，主要参考的标准、规范包括《数字测绘成果质量检查与验收》（GB/T 18316—2008）、《测绘成果质量检查与验收》（GB/T 24356—2009）和《国家基本比例尺地图图式 第1部分：1：500 1：1 000 1：2 000地形图图式》（GB/T 20257.1—2017）等。本次成果质量检验分为概查和详查，具体步骤如下。

（1）成果概查

成果概查由两名质检员同时开展，主要针对成果提交的完整性、文档组织形式以及成果中存在的重大的系统性、偏向性错误等进行整体检查，如数据资料的完整性、组织的正确性，数据格式、平面及高程基准的正确性等。

（2）抽样

若概查结果符合加严要求，则对批成果开展抽样详查。原则上依据《测绘成果质量检查与验收》（GB/T 24356—2009）的要求，按照简单随机抽样方法进行样本抽取，抽样还应包括必要的文档资料。

（3）样本详查

根据抽样结果对所抽取的样本进行详查，本次抽样详查的主要内容包含：像片控制测量、空中三角测量、数字高程模型（DEM）成果、数字正射影像（DOM）成果和数字线划图（DLG）成果等。其中，像片控制测量主要检验点位选点和布设以及测量精度，采用随机抽样的方式进行野外重复测量检验；空中三角测量主要检查空三精度报告中的基本定向点、检查点等精度指标是否满足《低空数字航空摄影测量内业规范》（CH/Z 3003—2010）的要求；数字高程模型（DEM）成果、数字正射影像（DOM）成果和数字线划图（DLG）成果的精度检验主要采用野外特征点采集比对的方法进行，除此之外还可以结合GNSS地基增强、地图数据库辅助质检等技术，在节约时间和人力成本的基础上大大提高成果检验效率。对检验完成的样本，根据错误类型和错误数量分类统计并评分。

（4）编写《质量检验报告》

质检员根据检验的各个样本的评分结果，进行批成果的质量评分并编写《质量检验报告》。

（5）成果整理与交接

项目检验完成后，质检员整理检验记录，将《质量检验报告》、检验意见及需要归还的项目资料一并反馈给测绘单位。

数字高程模型（DEM）成果、数字正射影像（DOM）成果和数字线划图（DLG）成果等不同类型的成果应分别参照现行有效的相关标准规范进行评价，但在检验的过程中可以有效利用各类成果的相互关系进行比对以辅助检验，从而提高成果的检验效率和可靠程度。

4 / 地理信息数据库成果质量管理

4.1 概　述

地理信息数据库是应用计算机数据库技术对地理信息数据进行科学组织和管理的硬件与软件系统。它包括一组独立于应用目的的地理数据集合、对地理数据集合进行科学管理的数据管理系统软件和支持管理活动的计算机硬件。地理信息数据库属于空间数据库，表示地理实体及其特征的数据具有确定的空间坐标，为地理信息数据提供标准格式、存储方法和有效的管理，能方便、迅速地进行检索、更新和分析，使所组织的数据达到冗余度最小的要求，能为多种应用目的服务。

4.2 地理信息数据库的特性

地理信息数据库除具备数据库的一般特性外，还具备以下特性。

（1）空间性

地理信息属于空间信息，是通过坐标数据进行标识的，这是地理信息区别其他类型信息最显著的标志。因此，地理信息数据库除了包含传统数据库应有的属性信息外，还包含空间信息，即描述地理现象的坐标定位信息，通常表现为以点、线、面、拓扑关系表达的矢量数据和以像素值表达的栅格数据。从空间尺度上看，地理信息数据库涵盖了微观、中观和宏观多个层面，既可以详细地了解局部某一层级信息，又可以从整体上进行分析和研究。

（2）多维性

由于地理环境的复杂性，必然导致对应的地理信息数据库建立在多源数据整合的基础上，也就是地理信息数据库的多维性，具体表现为数据来源的多样性、内容的多样性。

数据的来源是多种多样的，可以是各种类型的测量数据、卫星像片、航空像片、各种比例尺地图，甚至声像资料等。获取地理信息的途径很多，大致可以分为三类：一类是通过实地测绘、调查等获得原始的第一手资料，这是最重要、最客观的地理信息来源；第二类是借助空间科学、计算机科学和遥感技术，快速获取地理空间的卫星影像和航空影像，适时适地识别、转换、存储、传输、显示并应用这些信息；第三类是通过各种媒介间接地获取人文经济要素信息，如各行业部门的综合信息、地图、图表、统计年鉴等。

同时基础地理信息数据在内容上也是多种多样的，在二维空间的基础上，实现多个专题的三维结构，即指在一个坐标位置上具有多个专题和属性信息。例如，在一个地面点上，可取得高程、环境、交通等多种信息。内容的多样性是地理信息数据库发挥应用价值最直接的体现，用户可以充分利用综合数据信息的多样性形成系统、全面的综合数据库，也可根据自己的需要在综合数据中提取感兴趣的专题内容形成多种专题数据，但是用户在利用数据时要对数据是否满足现势性要求进行甄别。

（3）动态性

动态性主要是指地理信息数据库的动态变化特征，即时序特征。可以按照时间尺度将地理信息划分为超短期的（如台风、地震信息）、短期的（如江河洪水、秋季低温信息）、中期的（如土地利用、农作物估产信息）、长期的（如城市化、水土流失信息）、超长期的（如地壳变动、气候变化信息）等，从而使地理信息数据库以时间尺度划分成不同时间段信息，这就要求及时采集和更新地理信息，并根据时相特征来寻找时间分布规律，进而对未来作出预测和预报。

（4）规模性

数据来源多样化、地理信息分类精细化、属性信息个体化、时间序列动态化等特征决定了地理信息数据库具有规模性。以每年获取的遥感影像数据为例，一般一个省市平均每年获取的遥感影像数据量可以达到1~10 TB，全国总量在30~300 TB。互联网时代背景下，从各种网络平台、传感设备等来源中产生的数据规模是一个急速变化的体量，单一数据集的规模可以达到几十TB至数PB不等。同时，地理信息数据还包括不同空间尺度、不同地理要素随时间变化的情况和趋势，并预测以后变化的方向。为此，地理信息数据已经并将继续朝着海量规模化方向快速发展。

4.3   地理信息数据建库技术流程

地理信息数据建库是将设计的数据库付诸实施的过程，包括数据准备、库体创建、数据入库前检查、数据处理、数据处理后检查、数据入库、数据入库后检查等步骤，流程如图4.1所示。

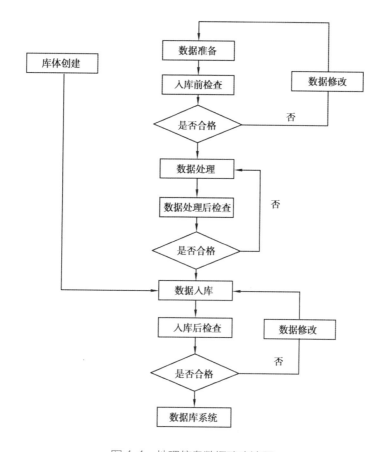

图4.1 地理信息数据建库流程

（1）数据准备

按照建库设计的要求，收集项目所需的各类数据和相关资料，根据数据的来源、类别等进行整理、归类、建档和备份，将待入库数据存放在专设的存储空间上。

（2）入库前检查

入库前的数据检查应按照《数字测绘成果质量检查与验收》（GB/T 18316—2008）规定执行，检查合格的数据方可入库。

（3）数据处理和处理后检查

数据入库前应满足相应成果标准规范的要求。同时数据的入库及处理还应满足以下要求：

①同尺度不同类型数据的匹配和集成，应与相应成果的位置精度保持一致。

②同比例尺矢量数据接边时，应进行同要素属性的合并。不同尺度矢量数据集成时，统一要素属性应保持一致。

③数据处理过程中应保留的内容不得丢失。

数据质量满足要求后应根据数据库设计的要求进行一致性转换，主要包括代码转换、格式转换、坐标变换、投影转换和数据压缩等。

成果转换后应进行数据整合，数字线划图数据要素属性及几何图形应保持逻辑接边和物理接边；数字正射影像图数据接边后应保持影像之间的位置和色调协调；数字高程模型接边后所有同名格网点高程应一致。数据整合后，数据的接边应保证各种尺度数据的逻辑无缝、关系正确和要素属性一致。

（4）数据入库

数据入库应根据所选择的数据组织方式进行，矢量数据可采用分区、按图幅或分类的组织方式入库。栅格数据可采用分区或按图幅方式入库。其他数据可采用逐幅或逐要素方式入库。数据入库一般采用程序批量入库或手动添加入库。

（5）数据入库后检查

数据入库后检查的内容包括：数据是否按要求存放在规定的数据表中、入库后数据是否完整、属性是否缺失、内容是否发生变化、是否有重复入库、数据拼接是否无缝和接边数据是否矛盾等。

4.4　地理信息数据库质量管理方法

地理信息数据质量主要体现在数据的可靠性和精度上，通常用地理信息数据误差来度量。地理信息数据库更新或建库过程中，有许多生产环节，各个环节都可能产生一定的误差。按误差传播理论，每项误差的传播都将会直接或间接影响到最终产品的质量。地理信息数据库的质量管理即针对地理信息数据的质量特性，做好各项误差控制，并对最终成果进行质量评价，判断各项成果是否满足质量要求。

地理信息数据库质量控制是地理信息数据库建设的重要内容之一。人们往往认为以计算机为基础的信息系统的数据质量是可靠的，很少怀疑利用信息系统产生的分析结果和数据质量方面会有问题，但事实远非如此。在某些情况下，由于多种原因，计算机分析的结果甚至会比手工分析的误差更大，比如软硬件的质量问题、计算方法上的问题、数据本身的质量问题都有可能造成影响。地理信息数据库建库过程中，对获取、入库的多数据源、多尺度基础地理信息数据的质量控制，关系到空间数据在表达空间位置、属性和时间特征时所能达到的准确性、一致性、完整性以及三者统一性的程度。地理信息数据质量控制就是通过采用科学的方法，制订出地理信息数据的生产技术规程，针对关键性问题予以精度控制和错误改正，以保证地理信息数据的质量。

地理信息数据质量特性主要包括数据的完整性和现势性、数据逻辑的一致性、位置精度、属性精度等。数据质量特性又可以细分为质量元素和质量子元素，具体情况见表4.1。

表4.1 质量特性表

质量元素	质量子元素
空间参考系	采用的大地基准、高程基准、地图投影参数是否符合要求
位置精度	平面坐标值、高程值或高程属性与真值的接近程度
属性精度	要素分类、要素属性的正确程度
完整性	含有多余要素的程度，缺少应包含要素的程度
逻辑一致性	对概念模式规则的遵循程度，物理存储结构、格式的符合程度，对拓扑关系反映的准确程度

续表

质量元素	质量子元素
时间精度	数据及资料的现势性
影像/栅格质量	各种分辨率是否符合要求，格网参数的正确性，影像特性与要求的符合程度
表征质量	对几何形态反映的准确程度，对要素地理形态反映的准确程度，符号使用、注记使用、图面整饰的正确性
附件质量	元数据的完整性和正确性，图历簿的完整性和准确性，各类附属文档的完整性

表4.1列举了常见的数字测绘成果质量元素检查项，在实际操作中，可以根据技术设计、成果类型或用途等具体情况进行扩充或调整。

4.5　地理信息数据库质量管理实践案例

下面就以某地区1∶10 000基础地理信息数据库更新为例，介绍地理信息数据库质量管理全过程。

4.5.1　任务概述

1∶10 000基础地理信息数据库是省级主要的基础测绘成果，是各类地理信息系统建设和信息化建设的基础之一。1∶10 000基础地理信息数据库更新项目是根据《基础地理信息1∶10 000地形要素数据规范》（以下简称《数据规范》）和《1∶10 000基础地理信息数据库整合处理生产技术规定》（以下简称《技术规定》）的要求，利用1∶10 000地形图缩编成果，进行数据分层、图属关联、数据质检等数据处理，形成满足建库要求的建库数据。

4.5.2 成果主要技术指标和规格

1：10 000基础地理信息地形要素数据整合处理后数据成果的各项技术指标原则上符合《数据规范》的要求。

（1）坐标系统

坐标系：2000国家大地坐标系。

高程基准：1985国家高程基准。

地图投影：对分幅数据，采用高斯-克吕格投影，按3度分带。对数据库数据，采用地理坐标系统。

（2）分幅与编号

成果数据采用国家1：10 000标准分幅，按照《国家基本比例尺地形图分幅和编号》（GB/T 13989—2012）进行分幅和编号。1：10 000数据空间存储单元为3′45″（经差）×2′30″（纬差）。

（3）数据精度

地物点对于附近野外控制点的平面位置中误差和高程中误差精度指标见表4.2。

表4.2 1：10 000地物点平面中误差及高程中误差精度指标

比例尺	地形类别	平面中误差（图上）/ mm	高程中误差 / m	
			高程注记点	等高线
1：10 000	平地	0.5	0.35	0.5
	丘陵地		1.2	1.5
	山地	0.75	2.5	3.0
	高山地		4.0	6.0

特殊困难地区（大面积的森林、陡崖和斜坡），地物点平面位置中误差和高程中误差按表4.2相应地形类别放宽0.5倍，以两倍中误差值为最大误差。

（4）完整性

完整性指标符合项目中的要素内容与选取指标要求。

（5）数据格式

数据文件以分区域组织为主、分幅组织为辅的模式，分层及属性项定义应符合《数据规范》中的具体要求。地形要素数据存储格式为ESRI Geodatabase。

4.5.3　技术路线

1∶10 000基础地理信息数据整合处理主要包括数据预处理和地形图编辑修改两个阶段，采用以内业人工处理为主、程序处理为辅的人机交互处理方式，其主要内容包括：数据清理、查漏补缺、数据组织统一、表达方式统一、地理实体要素提取、拓扑关系处理、属性赋值、生僻字处理、地图投影、图幅合并与接边等。

1∶10 000数据建库技术流程如图4.2所示。

4.5.4　质量控制

1∶10 000基础地理信息建库和更新，需要从数据获取、数据处理到数据库建设与维护各个环节全面进行质量控制，层层把关，剔除影响质量的因素，保障基础地理信息数据库质量。

1）质量控制组织体系

在ISO 9001质量管理体系的模式下，参照《数字测绘成果质量检查与验收》（GB/T 18316—2008）、《测绘成果质量检查与验收》（GB/T 24356—2009）以及1∶10 000基础地理信息数据库更新相关技术文件，在作业员自查基础上，严

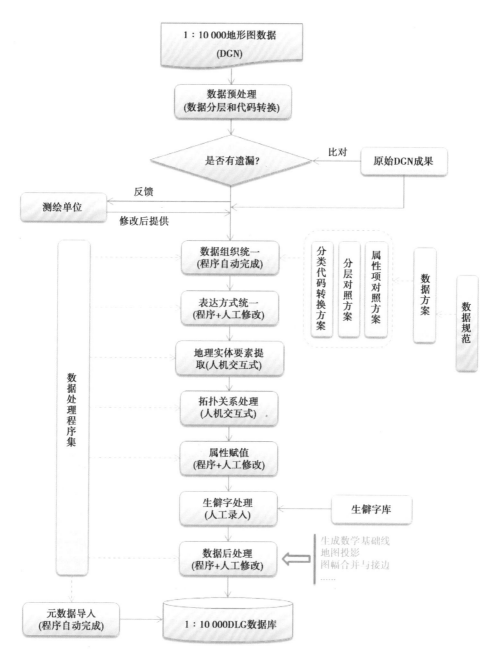

图4.2 1 : 10 000数据建库技术流程

格执行"二级检查一级验收"规定。

①作业员自查：由作业员使用专用检查软件进行检查，并修改问题。

②一级检查：由项目组组织人员开展，检查比例为100%全检，包括使用专用检查软件进行检查及图面检查，将检查意见返回作业员，并由作业员进行全面修改。

③二级检查：由项目承担部门负责二级检查，部门负责人对成果数据进行100%内业检查并根据实际情况进行外业抽查，把握整体数据质量。

④三级检查：由质量管理部门组织经验丰富的技术骨干，对成果进行100%检查，发现问题及时反馈作业部门修改。

⑤验收检查：由第三方测绘产品质检机构对成果进行验收。

2）质量控制方法与流程

在进行数据质量检查时，采用程序自动检查、人机交互检查、人工对照检查等技术手段。

①程序自动检查：通过设计模型算法和编制计算机程序，利用空间数据的图形与属性、图形与图形、属性与属性之间存在的逻辑关系和规律，检查和发现数据中存在的错误。

②人机交互检查：仅靠程序检查不能完全确定正确与否，但程序检查能将有疑点的地方搜索出来，缩小范围或精确定位，再采用人机交互检查的方法，由人工判断数据的正确性。

③人工对照检查：通过人工检查核对实物、数据表格以及可视化的图形，从而判断检查内容的正确性。

3）各工序质量控制的内容及要求

除了对数据的基本信息、位置精度、属性精度、接边情况进行检查外，还需对代码转换准确性、要素分层合理性、要素表达规范性等进行检查，确保数据成果符合相关标准规范要求。质量检查主要包括以下内容：

①空间参考系：检查数据的平面坐标系统、高程基准、地图投影参数、图幅

分幅是否符合《数据规范》的要求。

②位置精度：除了要素几何移位、变形、图面综合取舍、补充采集等情况以外，整合转换前后的同一要素不应发生位置偏移。整合转换前数据的位置精度符合要求的，转换后的位置精度不得降低。

③属性精度：与整合转换前数据进行对比检查，不得出现属性错误、遗漏等情况；要素代码重新归类导致属性内容重新划分的，检查属性转换是否正确、完整、无遗漏。

④接边精度：数据分幅存储的，其线、面要素应该与周围图幅的相应数据进行图形、属性接边，图形接边最大误差应符合《数据规范》的要求，属性内容应保持一致。数据在库内整体存储的，经过整合处理后的线、面要素不得出现错位、属性不接边的情况。

⑤逻辑一致性：检查分析数据文件的存储、组织、归档是否符合要求，数据文件格式、文件命名是否正确，数据文件有无缺失、多余，数据是否可读；分析数据集（层）的定义是否符合要求，属性项的名称、类型、长度、顺序、个数等是否正确；分析扩展数据层、扩展要素和扩展属性项是否符合《数据规范》中的数据扩展要求；分析数据拓扑关系是否符合要求。

⑥完整性：要素类、数据层和属性项是否完整，要素不得遗漏或放错层，必要属性项内容不得缺失。要素错漏率控制在3%以下。

⑦表征质量：核查分析点、线、面要素几何表达的正确性、几何图形异常的个数等；分析要素取舍、图形概括、要素相关关系、方向等是否符合《数据规范》的要求。

⑧附件质量：元数据文件的组织、命名、格式、个数、顺序应正确，各项内容的填写无错漏；分析检查图历簿各项内容的填写有无错漏；各种基本资料、参考资料应完整和正确；技术设计、技术总结、检查报告、原始记录及其他文档资

料应齐全、规整。

4）质量保障措施

（1）成果质检

①由具有丰富地形图测绘、数据建库经验的技术人员参加本项目的成果检查。作业前组织作业人员学习技术设计书、作业指导书。作业现场发现问题及时解决。

②对所有整合处理情况进行100%检查。

③对整合处理成果进行100%检查，并进行实地校查。

④填写检查记录表。

（2）过程管理

①严格按质量管理体系标准来规范整个作业过程，对各作业工序和检查环节及时填写各种记录。

②组织作业人员对有关规范、规定进行学习、培训，培训合格的作业人员才能投入作业。

③严格执行作业人员100%自检、100%互检，质检人员100%检查。

④在成果正式提交前，由质量管理部门依照有关规定进行质量验收。

在整个1∶10 000数据库更新建库过程中，要着重加强试验区试点成果的质检，及时对生产中遇到的问题进行总结，对整体工作量进行评估，由此推算整个工程的工作量，合理安排和组织生产，在试验区成果完成质检验收的基础上再开展整个工程。

5

地图编制成果管理

地图编制成果主要包括普通地图的编绘原图和印刷原图、专题地图的编绘原图和印刷原图、地图集、印刷成品以及导航电子地图。

5.1 普通地图的编绘原图、印刷原图的检查

普通地图的编绘原图、印刷原图的质量包括数学精度、数据完整性与正确性、地理精度、整饰质量和附件质量等方面，具体检查内容如下。

①数学精度：展点精度（包括图廓尺寸精度、方里网精度、经纬网精度等）；平面控制点、高程控制点位置精度；地图投影选择的合理性。

②数据完整性与正确性：文件命名、数据组织和数据格式的正确性、规范性；数据分层的正确性、完备性。

③地理精度：制图资料的现势性、完备性；制图综合的合理性；各要素的正

确性；图内各种注记的正确性；地理要素的协调性。

④整饰质量：地图符号、色彩的正确性；注记的正规性、完整性；图廓外整饰要素的正确性。

⑤附件质量：图历簿填写的正确性、完整性；图幅的接边正确性；分色参考图（或彩色打印稿）的正确性、完整性。

5.2 专题地图的编绘原图、印刷原图的检查

专题地图的编绘原图、印刷原图的质量包括数据的完整性与正确性、地图内容的适用性、地图表示的科学性、地图精度、图面配置质量和附件质量等方面，具体检查内容如下。

①数据的完整性与正确性：文件命名、数据组织和数据格式的正确性、规范性；数据分层的正确性、完备性。

②地图内容的适用性：地理底图内容的合理性；专题内容的完备性、现势性、可靠性。

③地图表示的科学性：各种注记表达的合理性、易读性；分类、分级的科学性；色彩、符号与设计的符合性；表示方法选择的正确性。

④地图精度：图幅选择投影、比例尺的适宜性；制图网精度；地图内容的位置精度；专题内容的量测精度。

⑤图面配置质量：图面配置的合理性；图例的全面性、正确性；图廓外整饰的正确性、规范性、艺术性。

⑥附件质量：设计书的质量；分色样图的质量。

5.3 地图集的检查

地图集的质量包括整体质量和图集内图幅质量等方面，具体检查内容如下。

（1）整体质量

①图集内容的完整性：检查图集内容的全面性、系统性；图集结构的完整性。

②图集内容的一致性、协调性：检查图集内容的统一性、互补性；要素表达的协调性、可比性。

（2）图集内图幅质量

①数据的完整性与正确性：检查文件命名、数据组织和数据格式的正确性、规范性；数据分层的正确性、完备性。

②地图内容的适用性：检查地理底图内容的合理性；专题内容的完备性、现势性、可靠性。

③地图表示的科学性：检查各种注记表达的合理性、易读性；分类、分级的科学性；色彩、符号与设计的符合性；表示方法选择的正确性。

④地图精度：检查图幅选择投影、比例尺的适宜性；地图内容的位置精度；专题内容的量测精度。

⑤图面配置质量：检查图面配置的合理性；图例的全面性、正确性；图廓外整饰的正确性、规范性、艺术性。

⑥附件质量：检查设计书质量和分色样图的质量。

5.4　印刷成品的检查

印刷成品的质量包括印刷质量、拼接质量和装订质量等方面，具体检查内容如下。

①印刷质量：检查套印精度、网线、线画粗细变形率，印刷质量和图形质量。

②拼接质量：检查拼贴质量和折叠质量。

③装订质量：平装主要检查折页、配页质量，订本质量、封面质量和裁切质量；精装主要检查折页、配页、锁线或无线胶粘质量，图书背脊、环衬粘贴质量，封面质量，图壳粘贴质量，订本、裁切质量和版心规格。

5.5　导航电子地图的检查

导航电子地图的质量包括位置精度、属性精度、逻辑一致性、完整性与正确性、图面质量和附件质量等方面，具体检查内容如下。

①位置精度：平面位置精度。

②属性精度：属性结构、属性值的正确性。

③逻辑一致性：道路网络连通性；拓扑关系的正确性；节点匹配的正确性；要素间关系的正确性和要素接边的一致性。

④完整性与正确性：安全处理的符合性；地图内容的现势性；兴趣点完整性；数学基础、数据格式文件命名、数据组织和数据分层的正确性和要素的完备性。

⑤图面质量：各种注记表达的合理性、易读性；色彩、符号与设计的符合性；图形质量。

⑥附件质量：附件的正确性、全面性；成果资料的齐全性。

6

调查监测成果
质量管理

6.1　地理国情监测成果质量管理

地理国情主要是指地表自然和人文地理要素的空间分布、特征及其相互关系，是基本国情的重要组成部分。地理国情监测是一项重大的国情国力调查，是全面获取地理国情信息的重要手段，是掌握地表自然、生态以及人类活动基本情况的基础性工作。

6.1.1　地理国情监测技术流程

在监测区域内采用航空航天遥感、全球导航卫星系统、地理信息系统等测绘地理信息先进技术，充分利用已有的基础地理信息、其他重大工程获取的测绘成果等资源，整合利用其他部门已有的普查成果或与地理国情相关的专题信息，通过多源遥感影像快速获取与处理、现场调查、信息提取、地理统计分析等技术手段，对反映地表特征、地理现象和人类活动的各类地理环境要素进行空间化、定量化和属性化的普查，形成自然资源、生态环境和人文现象的空间分布及其相互关系的全面监测结果。

地理国情监测的总体技术流程如图6.1所示，包括监测期影像处理、变化区域识别、专题资料收集与处理、变化区域内业信息采集、外业调查、内业编辑整理、成果汇交、数据建库以及统计分析等技术环节。

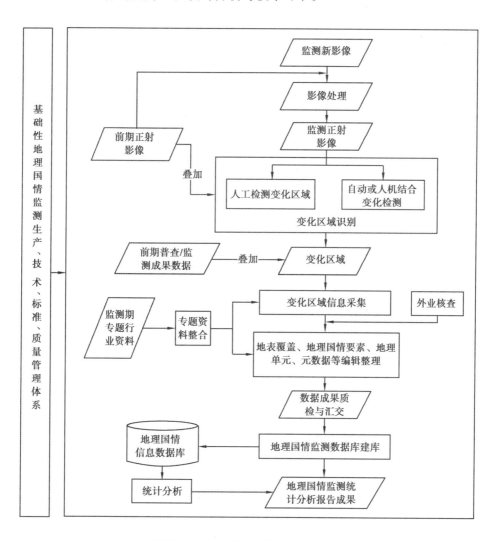

图6.1　地理国情监测总体技术流程

（1）监测期影像处理

所有监测工作中使用到的遥感影像，包括主要数据源和参考、补充数据源影像都需要进行正射纠正处理。卫星影像正射处理只进行整景影像纠正融合和适当的匀光匀色处理，可以不进行分幅DOM数据生产，但航摄影像正射处理中应进行拼接，成果按照标准分幅方式进行组织。

（2）变化区域识别

变化区域识别可采用两种方式：一是将已有的成果数据叠加到监测期影像上，通过人工检查识别变化区域；二是基于同源多时相遥感影像采用自动或人机结合的方式进行变化区域检测。

（3）专题资料收集与处理

各相关行业部门专题资料是开展地理国情监测工作的基础。行业专题资料分纸质和电子两种，分别包括文本、表格和图件（地图），采用统计数据空间化、地图配准、多源数据整合等地理信息处理方法，对收集的原始数据资料进行数据内容、形式格式以及其他特性分析，以达到地理国情监测数据要求，提供地理国情监测使用。

（4）变化区域内业信息采集

对需新增、修改以及需要记录删除的内容，直接对变化数据层进行编辑修改，最终结果包含了变化部分和未变部分，整体作为成果汇交。

（5）外业调查

针对内业判读采集工作中无法确定的疑问要素、图斑及新增变化图斑，对调查区域进行分析，设定合理的外业调查路线，尽可能覆盖所有问题点。

（6）内业编辑整理

内业编辑整理环节需开展的工作包括：根据外业调查核查结果内业提取的信息进行编辑，使其与外业调查的实际情况相符；汇集外业拍摄并经过整理的合格实地照片，选取对应的遥感影像，形成遥感影像解译样本数据集；利用收集的最新专题信息数据，主要针对反映社会管理现状的属性对比分析变化情况，对变化属性进行更新；完成与其他监测任务区之间的接边工作；完成内业编辑整理阶段的生产元数据记录。

（7）成果汇交

为利于成果数据集中建库，须对成果数据目录和文件等进行必要的整理和处理，并按照设计书的数据结构要求，分阶段、分批次地汇交数据成果。

（8）数据建库

在已建成的数据库基础上，按照承前启后、面向统计分析和监测应用、每年一版数据的原则，完成数据库建设与更新维护。

（9）统计分析

完成基础数据准备、分项指标计算、平差处理和单元汇总，形成不同统计单元的汇总数据结果，编制各类统计分析报告和图件，并充分利用普查成果和前期监测成果，结合专题资料，开展综合统计分析。

地理国情监测数据成果主要包括地表覆盖成果、地理国情要素成果、遥感解译样本成果及元数据等，针对不同成果特点均有其相应的检查内容和方法。

6.1.2 地理国情监测成果质量管理

地理国情监测成果的生产工艺、成果形式与一般测绘产品存在较大差异，因此为确保成果质量，地理国情监测成果质量管理分为过程质量控制和成果质量检验两方面内容。

1）过程质量控制

开展监测过程质量控制，及时发现影响监测成果质量的普遍性、倾向性问题，督促和指导相关单位及时纠正技术偏差和调整作业方式，确保生产过程质量符合技术设计的要求。

过程质量控制分为质量管理情况检查、生产过程质量控制情况检查等内容，具体内容如表6.1所示。

表6.1　地理国情监测过程质量控制内容

序号	检查项	子　项
1	质量管理情况检查	组织实施
2		专业技术设计
3		生产工艺
4		内部培训
5		装备配置
6		技术问题处理
7		一级检查
8		二级检查
9	生产过程质量控制情况检查	影像处理
10		变化信息采集
11		外业调查核查
12		遥感影像解译样本
13		内业编辑整理
14		验前成果

（1）质量管理情况检查

质量管理情况检查的主要内容包括组织实施、专业技术设计、生产工艺、内部培训、装备配置、技术问题处理、一级检查和二级检查等。

①组织实施：对项目的统筹管理、制度建设与人员配备等情况进行检查。

②专业技术设计：对专业技术设计的规范性、针对性、完整性、设计审批等情况进行检查。

③生产工艺：对生产工艺流程的符合性进行检查，包括当发现偏离生产技术路线时是否采取适当的保障措施，以确保产品符合性；对保障措施的执行情况是

否进行了跟踪检查、保障措施是否有效等情况进行检查。

④内部培训：对培训计划的实施情况、培训的效果等情况进行检查。

⑤装备配置：一是对各工序所用主要仪器设备的检定情况进行检查，包括是否通过法定计量检定（校准）机构检定，是否在有效期内使用等。二是对各工序所用主要内、外业软件的测试验证情况进行检查。

⑥技术问题处理：对技术问题处理一致性情况进行检查，比如定期对技术问题进行整理分析，分析问题的原因，提出预防措施意见，并形成文件发到有关部门等。

⑦一级检查：对一级检查执行情况进行检查，包括检查比例的符合性、检查内容及记录的完整性、质量问题的修改与复查情况等。

⑧二级检查：对二级检查执行情况进行检查，包括检查比例的符合性、检查内容及记录的完整性、质量问题的修改与复查情况、成果质量评价及检查报告的规范性等情况进行检查。

（2）生产过程质量控制情况检查

地理国情监测成果生产过程划分为6个主要阶段，作为过程质量控制的关键节点，包括影像处理、变化信息采集、外业调查核查、遥感影像解译样本、内业编辑整理、验前成果，具体如下。

①影像处理：对影像质量检查验收、影像处理、位置精度等情况进行检查。

②变化信息采集：对数据源情况、变化区域识别有无遗漏、变化信息采集情况、变化区域元数据是否符合实际情况进行检查。

③外业调查核查：对监测底图制作、外业调查轨迹、调查核查问题完成情况、变化区域元数据是否符合实际情况进行检查。

④遥感影像解译样本：对地面照片、样点采集是否符合实际情况进行检查。

⑤内业编辑整理：对专题资料收集与整合、地表覆盖分类数据、地理国情要

素数据、地理单元数据、遥感影像解译样本数据集整理情况、变化区域元数据是否符合实际情况进行检查。

⑥验前成果：对成果汇交、任务区接边等情况进行检查。

（3）过程质量检查主要方法

过程质量检查主要采用以下方法开展工作。

①查阅交流：通过查阅有关文件、记录以及询问交流的方式对组织实施、技术设计、培训、装备配置、生产工艺等情况进行检查。

②参考数据比对：与专题数据、生产中使用的原始数据等相关参考数据进行比对，检查被检数据与参考数据的遗漏及差值。在比对中应考虑参考数据与被检数据由于生产时间的差异、综合取舍的差异造成的偏差。

③野外核查：通过野外核查，检查成果的差、错、漏等。在比对中应考虑因野外核查与成果生产的时间因素造成的差异。

④内部检查：检查被检数据的内在特性。

（4）过程质量控制程序

过程质量控制程序如图6.2所示。

具体流程如下：

①成立过程质量检查小组，确定检查范围和单位，开展过程质量检查的各项准备工作。

②实施过程质量检查前通知相关单位。

③监测实施单位应按照通知要求准备好过程质量检查所需的各项材料。

④检查小组根据监测实施单位提供的材料，对监测实施单位的过程质量控制执行情况进行检查，并填写相应表格。

⑤检查小组根据内外业检查的汇总分析情况，发现监测实施单位在监测过程中存在的质量问题并编写《过程质量检查总结报告》，上报主管部门并告知监测

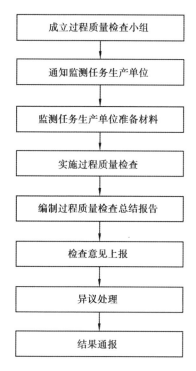

图6.2 过程质量控制程序

实施单位。

⑥主管部门组织对过程质量检查质量异议问题进行处理。

⑦主管部门根据情况公布过程质量检查结果，通报检查中发现的系统性、倾向性质量问题。

2）成果质量检验

（1）检查项及检查内容

地理国情监测数据成果主要包含遥感正射影像、地表覆盖、地理国情要素、遥感解译样本和元数据等。其中地表覆盖、地理国情要素、遥感解译样本和元数据为地理国情特有数据成果，各类型成果检查项及检查内容见表6.2—表6.5。

表6.2 地表覆盖检查项及检查内容

质量元素	质量子元素	检查项	检查内容
空间参考系	大地基准	坐标系统	检查坐标系统是否符合要求
	高程基准	高程基准	检查高程系统是否符合要求
	地图投影	投影参数	检查地图投影各参数是否符合要求
时间精度	现势性	原始资料	检查原始资料数据源是否符合要求
		成果数据	检查监测成果数据是否符合要求
逻辑一致性	概念一致性	属性项	检查属性项定义是否符合要求
		数据集	检查数据集定义是否符合要求
	格式一致性	数据格式	检查数据文件格式是否符合要求
		数据文件	检查数据文件是否缺失、数据无法读出
		文件命名	检查数据文件名称是否符合要求
	拓扑一致性	面缝隙	检查是否存在图斑缝隙
		面重叠	检查是否存在图斑重叠
		连续	检查位置相邻的属性一致的不连续图斑或要素错误
采集精度	平面精度	几何位移	检查图斑与正射影像套合超限错误
		矢量接边	检查图斑几何位置接边超限错误
分类精度	分类正确性	分类代码值	检查图斑分类正确性，包括分类代码值不接边的错误
	完整性	完整性	检查变化识别的完整性，即多余或遗漏监测的图斑面积
属性精度	属性正确性	属性值	检查属性值错漏的个数，包括属性值不接边的个数
表征质量	几何表达	几何异常	检查要素几何图形异常错误，如自相交、折刺等

表6.3 地理国情要素检查项及检查内容

质量元素	质量子元素	检查项	检查内容
空间参考系	大地基准	大地基准	检查坐标系统是否符合要求
	高程基准	高程基准	检查高程基准是否符合要求
	地图投影	投影参数	检查地图投影各参数是否符合要求
时间精度	现势性	原始资料	检查原始资料数据源是否符合时点要求
		成果数据	检查监测成果数据是否符合时点要求
逻辑一致性	概念一致性	属性项	检查属性项定义是否符合要求（如名称、类型、长度）
		数据集	检查数据集（层）定义是否符合要求
	格式一致性	数据格式	检查数据文件格式是否符合要求
		数据文件	检查数据文件是否缺失、数据无法读出
		文件命名	检查文件名称是否符合要求
	拓扑一致性	重合	检查要素不重合错误个数
		重复	检查要素重复错误个数
		相连	检查要素未相接的错误个数
		连续	检查要素不连续错误个数
		闭合	检查要素未闭合错误个数
		打断	检查要素未打断错误个数
		约束条件	检查特定要素与覆盖约束关系错误个数
位置精度	平面精度	几何位移	检查套合超限个数
		矢量接边	检查接边超限个数
属性精度	分类正确性	分类代码值	检查要素分类正确性
	属性正确性	属性值	检查属性值错漏的个数，包括属性不接边的错误
完整性	多余	要素多余	检查多余要素个数，包括要素放错层
	遗漏	要素遗漏	检查要素遗漏个数
表征质量	几何表达	几何类型	检查要素点线面表达错误个数
		几何异常	检查要素几何图形异常的错误
	地理表达	要素取舍	检查要素取舍错误个数
		图形概况	检查图形概况错误个数
		要素关系	检查要素错误个数
		方向特征	检查要素方向特征错误个数

表6.4 遥感解译样本检查项及检查内容

质量元素	子元素	检查内容
样本典型性		1.样本数量是否符合要求 2.样本分布是否符合要求
数据及结构正确性		1.文件命名、数据格式、数据组织的正确性 2.数据库、数据表及属性项定义的正确性
地面照片	选点质量	1.对所属地表覆盖类型的代表性 2.拍摄姿态、距离是否符合要求
	影像质量	图像质量情况是否符合要求
	数学基础	数学基础是否符合要求
遥感影像实例	影像质量	1.裁切范围是否符合要求 2.与地面照片的一致性

表6.5 元数据检查项及检查内容

质量元素	质量子元素	检查项	检查内容
空间参考系	大地基准	大地基准	检查坐标系统是否正确
	高程基准	高程基准	检查高程基准是否正确
	地图投影	投影参数	检查地图投影参数是否正确
逻辑一致性	概念一致性	属性项	检查属性项定义是否符合要求（如名称、类型、长度）
		数据集	检查数据集（层）定义是否符合要求
	格式一致性	数据格式	检查数据文件格式是否符合要求
		数据文件	检查数据文件是否缺失、数据无法读出
		文件命名	检查文件名称是否符合要求
	拓扑一致性	重合	检查检查要素不重合错误个数
		重复	检查要素重复错误个数
		相连	检查要素未相接的错误个数
位置精度	平面精度	平面精度	检查检查图形范围错误的个数
属性精度	属性正确性	属性值	检查要素分类正确性
完整性	多余	要素多余	检查多余要素个数，包括要素放错层
	遗漏	要素遗漏	检查要素遗漏个数

（2）检验流程

地理国情监测成果质量检验流程如图6.3所示。

①组成批成果：检验批应由在同一技术设计书指导下生产的同等级、同规格监测实施单位成果汇集而成。生产量较大时，可根据生产时间的不同、作业方法不同或作业单位不同等条件分别组成批成果，实施分批检验。

②确定样本量：样本抽取总体上采用分层按比例随机抽样的方法从批成果中抽取样本，即将批成果按不同监测作业单位、不同监测类别分区等因素分成不同的层。根据样本量，按比例随机抽样法抽取各层中的单位成果；样本量不低于表2.1规定，样本面积占比不低于样本量占比。

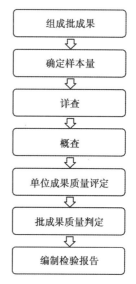

图6.3　地理国情监测成果质量检验流程

③详查：对样本中单位成果质量要求的所有检查项的检查。部分检查项可通过程序自动检查。

④概查：样本外单位成果根据需要，针对详查中发现的普遍性、倾向性问题进行检查。

⑤单位成果质量评定：按照GQJC—11具体要求评定单位成果质量。

⑥批成果质量判定：按照GQJC—11具体质量评定方法的具体要求判定批成果质量。

⑦编制检验报告：检验报告的内容、格式按照《数字测绘成果质量检查与验收》（GB/T 18316—2008）附录A的规定执行。

6.1.3　地理国情监测质量管理实践案例

2014年至2016年，某省开展了第一次地理国情普查工作，工作内容包括完成覆盖任务区范围的航空影像、卫星影像的正射校正、融合、匀色、镶嵌以及分幅处理，完成覆盖任务区范围的DEM精细化工作，完成任务区范围地表覆盖分类、地理国情要素、元数据采集，完成地理国情遥感解译样本采集。为确保项目成果质量可靠，该省级测绘产品质量检验测试中心承担了地理国情普查过程质量控制与验收工作。

1）过程监督质量控制

过程监督质量控制主要分为前期准备阶段的质量控制、生产过程阶段的质量控制以及成果验收前的质量控制。通过对普查实施各关键节点进行控制，尽量将主要质量问题在生产过程中及时进行解决，以确保最终成果质量满足规范要求。

本项目在实施过程中，定期开展质量交流会、质量监督检查等，及时沟通梳理各类质量问题。主要方式包括：

①普查单位开工前，到各普查实施单位开展质量管理制度和人员设备配备情况检查，开展座谈交流。

②普查前期每1~2周到各实施单位开展一次过程质量监督，对各单位质量情况进行梳理，以周报形式报送市普查办。

③普查中期开展常见质量问题的处理及成果整改情况过程监督，实行普查生产过程"蹲点"指导。

④时点校准阶段不定期开展现场监督检查，及时处理该阶段出现的新的技术问题。

⑤普查成果提交前，组织专家赴普查单位开展成果预检，提前发现问题并整改，以确保成果质量。

⑥普查实施过程中，为落实"二级检查一级验收"制度的执行，规范质检记录，编制了一检、二检报告模板及记录模板等。

⑦定期举行工作例会，与各单位进行质量管理沟通交流。

2）成果检验

（1）组成批成果

检查批应由在同一技术设计书指导下生产的同等级、同规格单位成果汇集而成。生产量较大时，可根据生产时间不同、作业方法不同或作业单位不同等条件分别组成批成果，实施分批检查。在该项目实施过程中，将同一生产单位生产的一个区县的成果作为一个批次进行检查。

（2）总体概查

对上交成果和资料中普遍的、基本的和重要的、特别关注的质量要求或指标进行整体性检查，以避免成果中存在整体性的或系统性的错误。总体概查按照技术规定的相关成果质量元素及相应的检查项进行检查，主要检查是否存在严重错漏，采用符合/不符合两级判定方式进行批成果质量评定。

第一次地理国情普查主要对表6.6的成果类型按照批成果总体概查检查项要求，对批成果进行总体概查。若总体概查出现不符合项或A类错漏，不进行详查，批成果质量直接判定为不合格。

表6.6　总体概查成果类型

序号	成果名	子　项	检验方式
1	报告成果	地理国情普查成果总报告	总体概查
2		地理国情基本统计成果系列报告	总体概查
3		地理国情综合统计成果系列报告	总体概查
4		地理国情基本统计成果报告	总体概查
5		地理国情综合统计成果报告	总体概查
6		地理国情专题分析评价系列报告	总体概查
7	数据成果	地理国情普查综合统计数据库	总体概查
8		地理国情基本统计数据汇编成果	总体概查
9		按地理单元统计的地理国情基本统计数据汇编	总体概查
10	图件成果	地理国情普查成果系列图	总体概查
11		地理国情图集	总体概查

（3）抽样检查

抽样检查采用详查与概查相结合的方式。先进行样本抽样，对样本进行详查，再根据需要对样本外成果进行概查。

详查按照技术规定的相关成果的单位成果质量元素及相应的检查项，按技术要求逐一检查样本内的单位成果，并统计存在的各类错漏数量、错误率、中误差等。根据需要，对样本外单位成果的重要检查项或重要要素以及详查中发现的普遍性、倾向性问题进行检查，并统计存在的各类错漏数量、错误率、中误差等。

该任务区范围折算成1∶10 000图幅有2 950幅，依据《地理国情普查检查验收与质量评定规定》（GDPJ 09—2013），采取简单随机抽样方法进行抽样，整个地理国情普查地表覆盖和地理国情要素共抽样351幅，DOM成果抽样77幅（1∶2.5万），DEM成果抽样400幅。为确保重点区域成果质量，所有城区范围均有样本分布。根据详查和概查的结果评定单位成果质量，根据单位成果质量评定结果，判定批成果质量。

（4）发现的问题及整改

①地理国情要素：

a.个别达到采集指标的乡村道路漏采集；个别要素的属性项错误，或未依据专题资料填写，如道路全称、路面材质、道路宽度等；个别未相交道路错误打断形成节点；重复路段编号属性中未填写属性值等。

b.水域要素的属性填写错漏，如未填写水库行业编码等；个别图幅HYDL层河流中心线采集位置与影像不符；有名称的河流中心线平均宽度属性未赋宽度值；个别河流采集方向不正确。

c.达到采集指标的构筑物未采集，如堤坝等。

d.个别地方高水界的位置采集不准确。

②地表覆盖：

a.图斑勾绘范围与DOM套合超限。个别房屋建筑、水域、林地等采集范围与DOM套合差超限。

b.图斑分类采集指标把握不当。个别达到指标的旱地、林地、硬化地表、房屋等未采集；多余采集个别达不到采集指标的房屋、水面、硬化地表等。

c.图斑归类不准确。耕地错采集为高覆盖度草地；水田错采集为旱地。错采集为人工幼林；低矮房屋建筑区错采集为低矮独立房屋等。

d.TAG值标记不准确，部分轨迹覆盖范围内图斑的TAG值没有改为3。

e.个别图斑勾绘存在不合理的尖角。

③元数据：

a.部分调绘核查路线整理不符合要求。

b.参考资料填写不规范，如参考资料填写不全面、时间填写不规范等。

c.一级和二级检查过程中的主要问题及处理意见填写不规范，如填写太粗略、描述不全面等。

④解译样本：

a.个别照片拍摄主体不明确、影像质量差。

b.个别图斑数量极少的地类没有相应样本数据。

c.个别解译样本照片的覆盖类型与实地照片不符、与地表覆盖数据不符。

d.数据表个别属性项填写不规范。

3）质量评定

经对提交数据成果及文档资料按地理国情普查产品质量要求进行验收，其产品各项质量特性满足《地理国情普查检查验收与质量评定规定》和相关技术规定的要求，成果合格率100%，地表覆盖优良率达到96%，国情要素优良率达到96%，元数据、样本优良率100%。

6.2 第三次国土调查成果质量管理

国土调查是一项重大国情国力调查，是查实查清国土资源的重要手段。第三次国土调查的目的是在第二次土地调查成果的基础上，全面细化和完善全国土地利用基础数据，掌握翔实、准确的国土利用现状和自然资源变化情况，进一步完善国土调查、监测和统计制度，实现成果信息化管理与共享。

6.2.1 第三次国土调查技术路线

以2019年12月31日为标准时点，采用高分辨率的航天航空遥感影像，充分利用现有国土调查、地籍调查、集体土地所有权登记、宅基地和集体建设用地使用权确权登记、地理国情监测、农村土地承包经营权确权登记颁证等工作的基础资料及调查成果，采取国家整体控制和地方细化调查相结合的方法，利用影像内业比对提取和3S一体化外业调查等技术，准确查清每一块土地的利用类型、面积、权属和分布情况，采用"互联网+"技术核实调查数据真实性，充分利用大数据、云计算和互联网等新技术，建立省、市（县）两级国土调查数据库。在此基础上，开展调查成果汇总、管理、标准时点统一变更、质量抽查和评估等工作。

6.2.2 第三次国土调查成果检查与核查

为保证调查成果的真实性和准确性，按照三调有关技术标准的要求，建立过程质量监督、成果检查验收制度，实施全过程、全对象质量监管。

1）过程质量监督

由各地国土调查办统一组织开展过程质量监督，明确 "省、市（县）、调查队伍"三级质量监管责任，分级开展现场工作抽查、工作进度监督、调查质量控制措施检查、调查过程成果质量检查。

（1）监督检查职责

市（县）级三调队伍需建立有效的调查质量控制制度，严格执行"二级检查一级验收"，按时有序开展调查，形成过程调查成果、技术文档及检查记录，对调查过程成果质量、工作进度负责。

市（县）国土调查办负责对本辖区调查过程质量、调查进度进行监督管控，开展抽查、督导，形成相关文件及检查记录，对调查过程成果质量、工作进度负监督管理责任。

省国土调查办不定期组织对三调队伍开展现场工作检查；分阶段、分批次组织省级核查队伍开展各市县工作进度监督、调查质量控制措施检查、调查过程成果质量检查，并根据监督检查结果对三调队伍进行资信评价、对市（县）土地调查办进行工作考核。

（2）现场工作抽查

省国土调查办组织联合检查组到三调队伍工作现场对其办公场地、作业人员、培训与持证上岗、技术装备配置、组织实施、技术设计及执行、数据保密、安全生产等进行检查，督促工作进度和调查质量。

（3）工作进度监督

省国土调查办依据进度报表、调查过程成果上报情况，按月对各市（县）工作进度进行跟踪监督和通报。

（4）调查质量控制措施检查

根据调查过程成果上报情况，对对应阶段、批次的调查过程质量控制资料进行检查，包括项目设计书、质量控制制度、检查报告、相关说明、重要问题的处理记录、检查记录、外业轨迹检查等。

（5）调查过程成果质量检查

根据工作进展，各市（县）国土调查办需以乡镇为单元分阶段定期上报过程调查成果及资料。调查过程成果质量检查主要对成果资料完整性、技术方法、地类样本图斑图库、内业解译成果影像一致性、外业调查及举证、数据合理性分析成果进行检查。其中：对成果资料完整性、技术方法执行整体检查。其余检查内容分级执行，其中调查队伍执行100%图斑检查；市（县）国土调查办进行质量监督和成果抽查；省土地调查办组织对过程数据、调查成果进行全面省级核查。

（6）监督检查结果完善

对分级、分阶段过程质量监督检查结果要限时进行完善，并形成整改记录。经过程检查监督确定的调查成果原则上不得修改。若实地确存在差异或发生变化的经外业举证审定后调整。

2）成果质量检查验收

（1）市（县）级自检

市（县）级地方人民政府对本行政区域的国土调查成果质量负总责。各市（县）国土调查办组织对调查成果进行100%全面自检，以确保成果的完整性、规范性、真实性和准确性。检查调查成果是否齐全、完整；利用全国统一的数据库质量检查软件检查数据库及相关表格成果的规范性与正确性；以外业实地检查为主，现场检查图斑地类、权属及相关调查内容的正确性，检查地类图斑与相关权属边界、相关自然资源边界的衔接情况，避免数据不衔接；利用测量设备检查权属界线和图斑边界等调查精度是否满足要求。检查应对质量问题、问题处理及质量评价等内容进行全程记录，记录须认真、及时、规范。县级根据自检结果组织成果全面整改，编写自检及整改报告，报省级检查和汇总。

（2）省级全面检查

市（县）级调查成果由省国土调查办负责组织全面检查，确保全省调查成果整体质量。

省级在调查成果完整性和规范性检查的基础上，重点检查成果的真实性和准确性。根据三调要求，利用遥感影像和"互联网+"实地举证照片，采用内、外业相结合的方式，全面检查市（县）级报送成果的图斑地类、边界、属性标注信息等与遥感影像、举证照片和实地现状的一致性。

对存在问题的图斑，省国土调查办责成地方修改完善。对通过核查的市（县）级调查成果，利用全国统一的数据库质量检查软件，采用计算机自动检查与人机交互的方法检查数据库逻辑正确性、空间关系正确性、面积正确性及相关汇总表格成果的正确规范性等内容，未通过质量检查的，组织修改完善县级数据库成果。

根据内外业检查结果，组织调查成果整改，编写省级检查报告，将通过省级检查的市（县）级调查成果及检查记录一并报送全国调查办。

（3）国家级核查整改

全国国土调查办组织对通过省级检查合格的市（县）级调查成果进行全面核查。省国土调查办收到国家反馈的内业核查疑问图斑后，统一组织市（县）国土调查办整改或补充举证。

全国国土调查办组织对地方整改成果进行复核。对未通过国家复核的图斑，省、市（县）国土调查办采用"互联网+"在线核查或外业实地核实等方式配合国家完成核查整改工作。对地方拒不整改的，直接对调查成果进行修正，并反馈地方予以确认。

6.2.3 第三次国土调查成果质量管理实践案例

2018年至2020年，某省开展了第三次国土调查，完成覆盖全省范围的国土调查成果。为确保项目成果质量可靠，某省规划和自然资源局委托三家单位承担了第三次国土调查成果省级核查工作，以下以某市（县）第三次国土调查质量管理案例为例。

1）过程监督质量控制

（1）现场工作检查

以现场为准，检查某市（县）三调队伍生产现状是否符合要求。

①检查现场作业人员是否参与培训并考核合格，是否持证上岗。

②检查现场技术装备配置情况。

③检查项目组织实施、技术设计及执行情况。

④检查项目数据保密、安全生产相关制度及执行情况。

（2）调查质量控制措施检查

抽检以下调查质量控制措施是否具备、是否规范实施，将问题、错误进行记录。

①检查某市（县）三调队伍项目设计书、质量控制制度、检查报告、相关说明、重要问题的处理记录等是否齐全、完整、符合要求，是否经项目负责人及三调队伍审核签章确认。

②某市（县）三调队伍内业解译成果（含地类样本图斑图库成果）、外业调查及举证成果阶段一级检查、二级检查检查数量是否达到第四条规定，检查记录是否齐全、完整、符合要求，检查记录是否经作业员、检查员、项目负责人等本人签字确认，检查中的问题错误是否修改复查。

③某市（县）国土调查办抽检记录、重大问题处理要求是否齐全、完整、符合要求，检查记录是否经检查员、某县国土调查办负责人等本人签字确认，检查中的问题错误是否修改复查。

（3）成果资料完整性检查

检查调查成果及资料是否齐全、完整、符合要求。

（4）技术方法检查

检查以下某市（县）国土调查关键技术方法的正确性：

①检查土地利用分类体系是否符合规程要求。

②检查调查整体精度、最小上图面积是否符合要求。

③检查坐标系、高程系、地图投影、分带是否符合要求。

④检查各某县调查界线是否符合要求。

⑤检查成果的数据格式及文件命名是否符合要求。

将工作进度、成果完整性检查和总体技术方法检查结果记录在表上。

（5）地类样本图斑图库成果检查

检查地类样本图斑图库成果齐全性、典型性、美观性，将问题、错误记录在表中。

①检查样本数量、分布是否合理，是否具有典型性。

②检查选点、方位角是否正确。

③检查地面照片地类主体是否明确，拍摄效果是否美观。

（6）内业解译成果影像一致性检查

将内业解译成果与国家下发数字正射影像图套合，参考相关资料及影像，进行100%的地类一致性检查，将存在问题、错误的地类图斑及权属单位记录在表中。

①以影像为依据，参考资料及证明材料逐个检查土地利用图斑的地类或耕地种植属性与对应在影像图上的判读地类是否一致。

②与影像对比，检查是否存在地类界线移位大于图上0.3 mm的土地利用图斑；是否存在权属界线明显穿越田土、坑塘、房屋建筑的权属单位。

③以影像为依据，检查是否存在丢漏的土地利用图斑。

④结合最新年度土地变更调查成果检查设施农用地，存在疑问的内业解译阶

段检查时暂不作为错误,下发地方举证后进行检查。

⑤影像无法反映的地类不纳入本阶段检查,如养殖坑塘等。

（7）外业调查及举证成果抽查

以内业解译成果影像一致性检查结果为基础,开展外业调查及举证成果抽查,将存在问题、错误的地类图斑记录在表中。

①检查外业调查记录是否齐全,调查界线、信息记录是否清晰、准确。

②抽查内业解译成果影像一致性检查结果中的疑问图斑以及某县上报成果中标注的外业调查图斑,检查是否开展外业调查、外业调查结果与实地是否一致。

③抽查城镇、交通沿线附近新增地物是否调查上图,精度是否符合要求。

④抽查影像无法反映地类调查正确性。

⑤抽查影像中林园地植被覆盖区域,检查是否存在丢漏的土地利用图斑。

⑥检查外业举证图斑是否齐全,拍摄选点、方位角、地类主体是否明确,拍摄反映地类与调查地类是否一致。

⑦结合外业举证数据检查设施农用地调查正确性。

⑧检查外业调查界线、信息与修改完善后的数据库是否一致。

⑨检查外业轨迹与需外业调查及举证图斑的一致性,是否覆盖完全。

（8）质量评定分级

现场工作检查由联合检查组根据现场检查情况进行整体认定,形成现场工作检查报告,如实记录相关问题、明确监督检查处置意见等。

调查过程成果质量按阶段、批次分别对监督检查进行评定分级,分为合格、不合格两个等级,国土调查过程成果质量等级标准见表6.7。

表6.7　国土调查过程成果质量等级标准表

质量等级	合格	不合格
评定分值区间	60 ~100	< 60

项目成果质量评定分值（K）＝ 100–100×2×（轻缺陷数/检查总数）– 100×4×（重缺陷数/检查总数）

2）成果省级核查

（1）检查内容

①资料完整性检查：检查资料是否齐全、完整，并对缺失情况进行记录。

②成果规范性检查：检查成果格式是否规范，对不规范情况进行记录。

③数据有效性检查：检查国土调查数据库、举证数据包、文字报告、汇总表格等是否能正常打开及使用，对无法正常打开的情况进行记录。

（2）内业核查

开展全辖区100%的地类一致性检查。检查图斑地类、属性标注信息与遥感影像、举证照片是否一致，同时，检查图斑边界的准确性以及相关专项调查成果的正确性。

①变化流量流向分析：对比三调数据库与原土地调查数据库各地类面积差异，分析各地类流量的变化趋势，找出差异较大或变化趋势较明显的地类重点核查。

②自动筛查：以某市（县）为单位，利用计算机全图斑自动筛查出地方调查错误信息，认定为错误图斑。

（3）图斑分类

①核查图斑分类：根据三调数据库与原土地调查数据库、国家依据影像判读结果，将调查图斑分为重点地类图斑（主要包括新增建设用地、新增设施农用地、耕地内部二级类调整、农用地调查为未利用地等）、未按照国家依据影像判读地类调查的图斑和按照国家依据影像判读地类调查的图斑三类。

②错误图斑分类：将错误图斑分为两种情况，即地类认定明显错误图斑，图斑属性标注错误以及应补充举证等非明显地类认定错误的图斑。对地类认定明显错误的图斑，直接计入错误图斑个数，计算其差错率；对非明显地类认定错误的

图斑，首次计算差错率时，暂不计算为错误图斑，待修改或补充举证材料后仍认定为错误图斑后，再参加错误图斑个数计算。

（4）按照国家依据影像判读地类调查的图斑检查

以某市（县）为单位，采用抽样检验方法，随机抽取县级图斑总量的1%（不少于1 120个）开展地类抽查和边界抽查。

①地类抽查：对照遥感影像，检查图斑地类和属性标注的正确性。对遥感影像判读地类与三调数据库地类不一致的，或遥感影像无法准确判断的图斑，认定为疑问图斑，形成矢量数据，上传至国土调查"云平台"，要求地方逐一实地拍照。根据举证结果，逐一检查上述图斑地类和属性标注与举证照片的一致性，并记录错误图斑信息。

②边界抽查：套合国家下发行政界线数据，检查某市（县）上报调查成果中行政界线是否与国家下发行政界线一致。调查成果中行政界线与国家下发行政界线一致的，认定通过检查。

对照遥感影像，根据三调数据库中图斑边界与遥感影像的套合情况，检查地方是否重新建立数据库。图斑边界与遥感影像套合精度应符合三调数据库建设规范要求，对图斑分割合并不合理，图斑边界不重合等较为明显的系统性错误，认定为错误图斑。对综合后图斑面积超过或者小于影像实际范围面积的10%，故意调整图斑边界的，认定为错误图斑（不包括因影像精度造成的图斑界线偏移等引起的错误误差）。

③重点地类图斑和未按照国家依据影像判读地类调查的图斑检查：对重点地类图斑和未按照国家依据影像判读地类调查的图斑，结合某县提交的举证照片和遥感影像，逐图斑开展检查。

（5）照片合理性检查

举证照片通过方位点坐标、举证图斑信息表（按类型举证的图斑也可在举证图斑信息表中列明）与三调图斑进行匹配。检查"互联网+照片"的拍摄角度、拍摄方向和拍摄内容是否符合要求。对举证不规范的、影响地类认定的，认定为错误图斑。对影像特征不明显的，应检查多角度举证照片。

（6）内业检查

①耕地图斑检查：

a.新增耕地检查。

对未提供举证照片，影像判读能够准确认定为耕地的，认定通过检查；对举证照片为耕地的，认定通过检查。对新增耕地标注为"休耕"或"未耕种"的重点检查，举证照片存在耕种迹象的，认定通过检查。

b.耕地内部二级类变化图斑检查。

检查影像和举证照片反映的农作物种植类型以及灌溉设施情况，进行综合判断。对按水浇地或旱地调查，举证照片明显为种植水稻、莲藕等水生农作物的，认定为错误图斑。对按旱地调查，举证照片或遥感影像明显存在灌溉设施的（沟渠、水井、坑塘等），包括非工厂化的蔬菜种植大棚，认定为错误图斑。

②园地、林地、草地等其他地类图斑检查：

a.调查为园地的图斑，遥感影像和举证照片为果园、茶园、橡胶园等种植园用地的，认定通过检查。

b.调查地类为林地的图斑，遥感影像或举证照片显示为乔木、竹类、灌木的，认定通过检查。

c.调查地类为草地（不含原农用地调查为其他草地）图斑，举证照片为生长草本植物的，认定通过检查。

d.调查为其他地类图斑，图斑地类与遥感影像或举证照片特征不一致的，认定为错误图斑。

③原农用地调查为未利用地图斑检查：调查地类为其他草地的，举证照片为

树木郁闭度大于0.1、灌木覆盖度大于40%、正在耕种或存在耕种痕迹、建设用地、设施农用地和其他农用地等的，认定为错误图斑。调查地类为河流水面的，举证照片为农用地或推土特征的，认定为错误图斑。

对国家已经批准的生态退耕，以及部分省份采煤塌陷地区农用地调查为未利用地的，应提供当年批准的生态退耕或采煤塌陷区域的范围。

④可调整地类图斑检查：实地现状为耕地、建设用地、未利用地的，按可调整地类图斑调查的，认定为错误图斑。

⑤湿地图斑检查：逐图斑检查图斑地类、遥感影像和举证照片的一致性，对图斑地类与遥感影像或举证照片特征不一致的，认定为错误图斑。

⑥新增建设用地图斑检查：

a.对未提供举证照片，遥感影像特征能够准确认定为住宅小区、规模化工厂、明显高层建筑、村庄、公路等建设用地的，认定通过检查。

b.对遥感影像特征不能准确认定为建设用地的，检查举证照片。举证照片为建设用地的，认定通过检查；举证照片为推平、动土、堆土的，且未在部综合信息监管平台备案信息的，认定为错误图斑；举证照片为农用地或未利用地特征的，认定为错误图斑。举证照片为已拆除（并未拆除到位），原地类为设施农用地的，认定为错误图斑。

c.对调查为公路等建设用地的图斑，举证照片或遥感影像是农用地或未利用地的，认定为错误图斑。检查路面图层的图斑与遥感影像一致性，与遥感影像不一致的，认定为错误图斑；公路图斑未在路面图层表示的，认定为错误图斑。

⑦空闲地检查：现状能够准确判断用途的或不在城镇、村庄、工矿范围内的图斑，调查为空闲地的，认定为错误图斑。对调查地类为空闲地的，举证照片为空地，且原地类为20类，认定通过检查。

⑧建设用地标注检查。

检查城镇村范围是否在城镇村等用地图层表示，并依据遥感影像检查201、202范围是否集中连片。同时，对照举证照片及遥感影像，依据图斑的分布和位置，检查建设用地图斑属性标注是否符合要求。

a.对标注为20x属性的拆除图斑，举证照片为农用地的或原地类不为20x的，认定为错误图斑。

b.对标注203属性的，调查地类为非建设用地的图斑，检查图斑的位置和分布，图斑位于村庄内部，且举证照片或遥感影像为耕地或林地等，认定通过检查；图斑位于村庄周边，举证照片或遥感影像是耕地或林地等，认定为错误图斑。图斑位于村庄周边，原地类为203，举证照片或遥感影像是耕地或林地等农用地的，单宅面积小于400 m²的，连续形成一个图斑，按农用地调查并标注203属性的，认定通过检查。

c.标注为205属性的图斑，举证照片或遥感影像为耕地、林地或坑塘等，认定为错误图斑。

d.对标注为201或202属性的图斑，举证照片或遥感影像为城镇内部的林地、绿地、水面等的，认定通过检查；举证照片或遥感影像为城乡接合部的林地、水面等的，认定为错误图斑。

⑨新增设施农用地图斑检查：

a.对内、外部举证照片均为设施农用地的（包括工厂化作物栽培中有钢架结构的玻璃或PC板连栋温室用地、规模化养殖中畜禽舍、畜禽有机物处置等生产设施及绿化隔离带用地，水产养殖池塘、工厂化养殖池和进排水渠道等水产养殖的生产设施用地，育种育苗场所、简易的生产看护房），认定通过检查。对遥感影像和举证照片为耕地周边集中连片的简易看护房，认定通过检查。

b.举证照片为建设用地、其他农用地或未利用地特征的，认定为错误图斑；

内部举证照片不能明确反映畜禽养殖等设施农用地情况的或未提供内部举证照片的，认定为错误图斑。

c.原地类为设施农用地，举证照片为未拆除到位（推平或混有瓦砾）的，调查为建设用地的或未利用地的，认定为错误图斑，调查为设施农用地的，认定通过检查。

⑩农村道路图斑检查：对调查为农村道路的图斑，自动量取图斑宽度，对路面宽度小于8 m的，套合国家公路网范围，不在国家公路网范围内的，认定通过检查。对路面宽度超过8 m的，抽取图斑数量的10%进行检查，对举证照片或遥感影像为明显公路的图斑［含沿道路走向人为分割成2条（含以上）农村道路图斑的］，认定为错误图斑。

⑪临时用地图斑检查：检查临时用地是否提供批准文件，对未提供批准文件，认定为错误图斑。检查临时用地图层的图斑与批准文件的一致性。检查过程中，对遥感影像或举证照片特征为住宅小区、规模化工厂、明显高层建筑、村庄、公路等明显不符合临时用地规定的，记录图斑信息。

⑫光伏用地检查：检查光伏用地图层范围内的图斑是否按地表地类调查，同时，检查遥感影像或举证照片是否为光伏板用地。套合部综合信息监管平台备案信息，核对依法批准的光伏用地是否按建设用地调查。对在部综合信息监管平台备案信息范围内，未按建设用地调查的，认定为错误图斑；对部综合信息监管平台备案信息范围外，按建设用地调查的，认定为错误图斑。

⑬推（堆）土区图斑检查：对未在部综合信息监管平台备案信息范围内的图斑，按建设用地调查的，认定为错误图斑。

⑭拆除未尽图斑检查：对拆除未尽范围内的图斑，检查影像和举证照片是否为建筑物（构筑物）拆除未尽，若实地已复绿或复耕，认定为错误图斑。

（7）专项用地调查成果检查

①耕地细化调查成果检查：对标注河道耕地、湖区耕地、林区耕地、牧区耕地（草原）、沙荒耕地（周围沙地）的图斑，检查图斑分布和位置，并依据举证照片及遥感影像检查地类一致性。

②批准未建设的建设用地调查成果检查：对原地类为批准未建设的建设用地图斑，检查是否按现状调查以及举证照片及遥感影像与实地的一致性，对按现状进行调查的，认定通过检查；对按建设用地调查，影像为农用地或未利用地特征的，认定为错误图斑。

（8）内业核查结果反馈

对内业核查认定错误和有疑问的图斑，反馈地方，要求省级三调办对地类核查认定不通过检查的图斑进行整改。

地方按照内业核查结果，对核查认定的疑问图斑和错误图斑进行逐图斑实地核实。对确属调查错误的，修正调查结果；对举证材料不完备的，补充相关举证材料。

（9）复核

①将初始三调数据库与整改数据库进行叠加比对，结合某县补充的举证材料（包括照片和相关证明材料）检查应修改的错误图斑地方是否修改正确，对修改正确的认定通过复核，对修改不正确或未修改且无合理解释说明的，认定为错误图斑。

②疑问图斑和错误图斑之外的图斑不得修改。

③对复核认为可以通过遥感影像直接确定边界的错误图斑，直接修改数据。

（10）"互联网+"在线核查和外业实地核查

采用"互联网+"云计算、卫星导航定位等技术，通过外业核查人员现场定位，数据、照片（视频）实时传输和动态调度，开展"互联网+"在线核查和外业实地核查。

　　对复核不能确定地类和边界的图斑，采用"互联网+"在线核查和实地核查的方式，开展外业实地核查，根据检查结果修改数据。"互联网+"在线核查和外业实地核查，对地类的认定应与三调调查方法一致。

7

分析研究型成果质量管理

随着现代测绘地理信息科学、地理科学、区域经济学、城市规划学、生态学、计算机科学等学科的发展和交叉融合，测绘地理信息技术和成果在各个领域的应用也不断深入，越来越多的应用项目不再局限于传统测绘的范畴，大量新型测绘成果和跨学科成果不断涌现出来，在国土空间规划、城市设计、生态环境保护和工程建设等方面发挥了重要作用，为社会经济发展做出了巨大贡献。例如，在资源环境承载能力评价、国土空间开发适宜性评价、自然资源监测等领域，需在传统测绘地理信息成果基础上，进一步开展调查、分析和研究，得出更深层次的统计数据、评价结论、方案建议等衍生成果，这些成果一般为文本报告、设计图件等，与传统测绘成果大相径庭，在此统一称为分析研究型成果。对这类成果的质量管理，传统测绘的方法和指标已不再适用，必须采用新的质量管理方法和评价指标。

7.1 质量管理思路

作为一种多学科交叉的新型成果，分析研究型成果涉及多个行业，如国土空间规划、生态环境保护、工程项目建设等，不同领域的关注点不同，目前还没有专门针对分析研究型成果进行质量管理的统一的方法和指标体系，也缺乏相关标准和规范。为了有助于发现和消除成果中存在的质量隐患和不确定性，保证成果数据准确、分析合理、建议可行，促进其可靠应用，有必要加强其质量管理，对其质量检查和评价的方法进行讨论和研究。

从成果内容和表现形式上看，分析研究型成果与规划编制成果、分析设计成果等存在一定程度的相似性，对其质量管理可以参照规划编制成果的质量评价方式来进行，一般可以考虑从成果的内在有效性和外在有效性两个方面入手。内在有效性主要体现在要素的完整性和逻辑关系上，一个具有良好内在有效性的成果，其本身应当能够较好地表达分析结论和意图。外在有效性是指该成果与相关专业、行业之间的协调平衡关系，不应存在矛盾。

7.2 质量评价指标和方法

基于科学、合理、简明、可操作的原则，本书主要从基础数据的准确性、设计目标的合理性、分析模型的可靠性、成果表达的逻辑性和规范性、外在一致性等五个方面对分析研究型成果质量进行分析评价。

7.2.1 基础数据的准确性

（1）数据来源的可靠性

可靠的基础数据来源是后续所有工作的基础。基础数据主要来源于已有测绘地理信息成果及相关数据，一般需通过测绘、地理调查、实地踏勘、资料查阅、访谈座谈等途径获取。无论是从哪种途径获取的基础数据，都应对其来源的合规性和可靠性进行仔细核查，条件允许时，最好能从多方面对数据的可靠性进行印证，确认基础数据真实可靠后方可使用。

（2）数据处理的正确性

基础数据收集完成以后，往往还需要进行一些必要的数据处理。在数据处理过程中应注意尽量遵循有关标准规范，采取恰当的处理方法，并对处理结果仔细核对、检查，从而最大程度把控数据质量，确保数据处理的正确性。

7.2.2　设计目标的合理性

（1）设计目标是否明确

分析研究型项目一般都有明确的目标或诉求，如在现状调查和分析的基础上，分析区域产业现状、发展优势与劣势，评估目标市场及发展方向，规划空间布局形态，划定控制边界，提升环境治理成效，引导和促进相关产业发展，等等。因此，成果中应包含对各方面目标的详细阐述和说明。

（2）设计目标是否体现诉求且切合实际

设计目标应当与需求方的诉求和愿景相一致，不能出现偏离。设计目标应当基于准确的现状调查和可靠的分析结果，不应出现过高的期望或过低的估计。

7.2.3　分析模型的可靠性

分析模型是对客观事物或现象的一种描述，是被研究对象的一种抽象。例如，地理分析模型是对地理空间系统中的地理要素、地理现象、地理过程等的抽象与简化，用来描述地理要素静态的空间分布和结构组成、动态的时空变化过程等具象信息，以及地理要素之间的相互关系、作用机理和客观规律等抽象信息。分析模型对项目结论的产生具有重要的功能和作用，其可靠性在很大程度上决定着成果的质量。

分析模型的可靠性主要体现在其正确性和有效性，建模必须遵循简单明了、量纲一致、依据充分、形式标准、易操作等基本原则。模型应用前必须进行检验，一般包括模型验证和模型确认。

①模型验证：仔细检查数学公式和计算机程序以保证没有运算方面的问题，从而保证概念模型的数量化是直接和正确的，保证计算机程序中可能影响模型结果的错误已被排除。

②模型确认：确定模型在其既定应用范围内运行的结果与其相对应的现实世界的吻合程度，其衡量标准与预定的研究目的有密切关系。模型确认常常涉及：对模型结构和变量间关系合理性的检验、模型输出结果与实际值的直接比较、模型的敏感性分析以及模型的不确定性分析等。

7.2.4 成果表达的逻辑性和规范性

（1）成果要素是否完备

不同的项目其成果要素也不尽相同。一般来说，分析研究型成果要素主要包含以下4个部分：

①项目的背景和目的介绍。

②对基础事实的陈述，如对项目区位、自然资源、人口、经济产业等情况的介绍等。

③基于项目背景和现状事实的地理分析，如对区域内土地利用类型、产业特点和优劣势、交通联系、子区域的相互关系、环境影响因素等的发展态势分析。

④研究和设计结论，主要是从项目的核心目的出发，提出改进建议、治理方案、发展方向等。

（2）成果图文是否清晰易懂

成果文本报告和成果图件的表达，必须是简洁清晰、自然易懂。质量检查重点包括以下几个方面：

①成果表达应简洁精练，去除不必要的繁杂信息，避免给用户较大的信息负担，影响效率。

②文字表述应尽量口语化，使用用户平时使用和理解的方式去表达设计意图，尽量少用难懂的专业术语，文字较多的语句应适当断句，便于理解。

③页面布局应清晰有条理，切忌混乱，上下文做到衔接有序、排列整齐，防止过紧或过松，图文应使用默认或标准的字体，大小要便于视觉分辨，并根据设计意图有所侧重，将重要的信息突出显示，以便于用户扫描性浏览。

④成果图件应遵循相关的制图规范和标准，表意清晰明确，具有概括性和指向性，让用户能够快速联想到对应的功能和操作，同一项目的图件成果在形式和色彩风格上应尽量保持一致，并尽量与交互文本结合使用。

（3）成果结论是否便于指引实施

应当结合项目目标，提出发展方向和建议措施。一项好的设计成果，不仅应指出区域的合理发展方向和趋势，最好还能提出具体的行动策略，从而保障目标的顺利实现。设计方案不仅应达到设计目标，还需尊重现实具体情况，切忌好高骛远，脱离实际。提出的建议要切实可行，便于实施，不能成为空中楼阁。

7.2.5　外在一致性

项目实施前，设计人员就应当弄清楚项目区域所涉及的已批准的相关规划，熟悉土地利用、工程建设、生态环境保护等方面的相关要求，确保项目方案不与之相违背。简言之，项目成果应与区域涉及的土地利用规划、土地整治规划、水土保持规划、生态环境保护规划及其他专项规划的内容相互配合、相互协调，一个与法定规划相违背的设计方案是不可能付诸实施的。

以上从5个方面探讨了分析研究型成果的质量管理及评价方法，归纳见表7.1。

表7.1 分析研究型成果质量评价参考

序号	评价内容	评价子项
1	设计目标的合理性	设计目标是否明确
		设计目标是否体现诉求且切合实际
2	基础数据的准确性	数据来源的可靠性
		数据处理的正确性
3	分析模型的可靠性	模型的正确性
		模型的有效性
4	成果表达的逻辑性和规范性	设计要素是否完备
		成果图文是否清晰易懂
		设计结论是否便于指引实施
5	外在一致性	外在一致性

为了保证项目目标的顺利达成，成果的质量管理工作需要项目参与各方予以重视。项目委托方可以自行对成果质量进行评价，也可以委托相关质检机构或咨询机构等第三方进行评价，从而更客观全面地把控成果质量。项目承担单位应当做好成果质量管理工作，通过对项目成果进行自检、自评，充分听取委托方及相关领域专家的意见和建议，并进一步修正和完善设计方案，从而保证达到预期的设计效果。

7.3 分析研究型成果质量管理实践案例

下面以某镇花卉乐园概念规划设计项目为例，分析其成果的质量管理与评价方法。

7.3.1　项目简介

某镇为提升环境治理、改善民生、增强旅游吸引力，决定结合政策产业背景，充分发挥区域内自然文化资源优势，打造特色乡村体验产品，组织开展了花卉乐园项目概念规划设计工作，以求探索完善花卉产业价值链条，打造花卉综合服务行业标杆。项目设计效果如图7.1所示。

图7.1　项目设计效果图

项目承担单位通过研究区域内政策、产业背景，调查区域现状，在对区域区位、交通、土地利用、自然景观、开发现状、相关规划等条件综合分析的基础上，对项目进行了总体策划和分区策划，并形成了项目概念规划设计成果——《某镇花卉乐园概念规划设计》。成果为.pdf格式，内容包括项目背景认知、区域现状综述、案例分析、总体策划、总体规划、分区规划等6大方面。

7.3.2　质量管理与评价

（1）基础数据的准确性

项目承担单位使用的基础资料主要包括符合现势性的遥感影像图，现状交通地图，高程、坡度、坡向分析图，地表覆盖图，土地利用规划图，以及现场实地调查获取的数据。数据使用前均经过了质量检查，确保无误。

（2）设计目标的合理性

"项目背景认知"部分，在对政策产业背景、区域旅游优势和花卉产业发展态势进行了详细分析的基础上，明确提出了项目核心诉求，即：①探索完善花卉产业价值链条，打造花卉综合服务行业标杆；②挖掘村内自然文化资源，打造特色乡村体验产品；③提升环境治理水平，实现改善民生、增强旅游吸引力双赢。该目标与委托方的愿景是一致的，且区域内已经具备了相当规模的产业基础，进一步挖掘资源、探索完善产业价值链条、打造行业标杆的目标是合理可行的。

（3）分析模型的可靠性

"场地现状综述"部分，从区域区位、交通、地形地貌、土地利用、场地开发、自然景观、相关规划等方面进行了详细调查和分析，并采用"SWOT"分析模型进行了综合分析，结论见表7.2。

表7.2 SWOT分析

优势（S）	劣势（W）
邻近高速下道口，交通便利 特色景观资源，环境优美 农居拆迁量低 区域发展竞争不强	旅游业态单一无特色 商业、住宿等设施不足 产品丰富度不高 无避暑休闲条件
机遇（O）	挑战（T）
花卉产业成为时下热点 乡村旅游是当地发展大方向 主城居民郊野休闲需求攀升 地方发展需求明确	周边各区域均发展乡村旅游 项目当前亮点不足，定位不明确 现有产业体系获利水平不高 项目区持续投入资金需求量较大

从各方面具体条件来看，该分析结论对项目优势、劣势、机遇和挑战把握准确，真实可靠。

（4）成果表达的逻辑性和规范性

"项目背景认知"部分，总体介绍了项目背景、目的和范围等；"场地现状综述"部分，对项目区位、交通情况、地形地貌、土地利用、现状开发、自然景观等现状条件进行了详细调查和介绍，从各方面分析了产业发展的优劣势；"项目总体策划"部分，从总体定位、客源市场定位、功能策划和分期开发思路等方面提出了规划建议和分期建设目标。由此可见，项目成果设计要素是完备的。项目策划按三期实施，并提出了总体规划和分区规划，长短结合，重点明确，特色突出，便于实施；成果图文表达条理清晰、简洁易懂，无错别字，易于理解。

（5）外在一致性

经调查了解，项目区域已经批准的上位规划主要有《某区旅游发展规划（2015—2020）》《某区乡村旅游发展规划（2015—2025）》《某镇总体规划（2012—2030）》，本项目目标和发展定位均符合上述规划要求，项目设计总平面图如图7.2所示，项目功能分区设计图如图7.3所示。

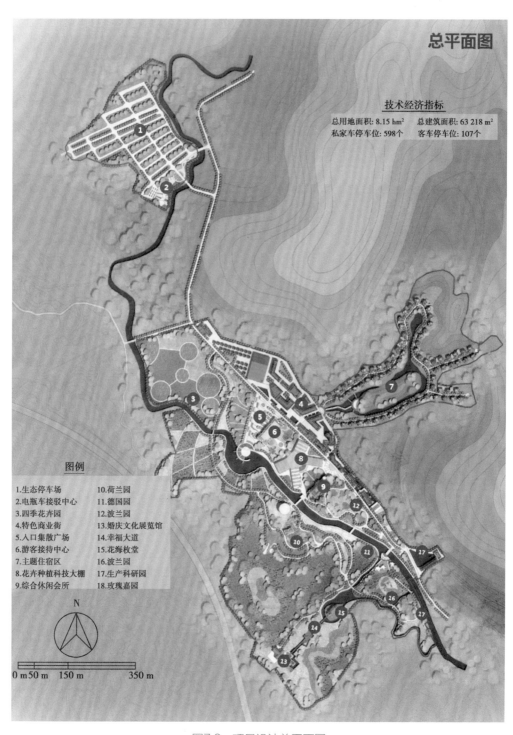

图7.2 项目设计总平面图

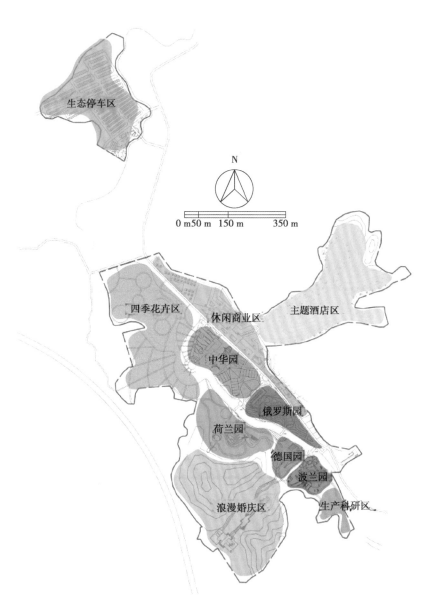

图7.3 项目功能分区设计图

8
测绘成果质量检验技术创新

随着信息技术、空间技术及计算机与通信技术的飞速发展，测绘学科经历了由模拟测绘向数字化测绘的转变，并逐渐向信息化测绘发展。信息化测绘是建立在数字化测绘的基础上，在完全网络化运行环境下，实时有效地向社会提供地理信息综合服务的测绘方式和功能形态。信息化测绘是当前测绘技术创新发展的主要方向，也是推进测绘地理信息技术与其他信息技术融合发展的主要承载体。

信息化测绘质量管理，是在网络环境下采用一定的检验技术和方法对测绘成果进行实时、高效的质量评价，并将评价结果应用于管理与服务的过程。它是针对信息化测绘提出的质量管理要求，是信息化测绘技术体系的重要组成部分。加强质量检验技术创新，全面提高质检工作的信息化水平，是测绘质量管理技术的发展方向和重要工作任务。

8.1 测绘成果质量检验技术创新的意义

推进测绘成果质量检验技术创新，具有重要的战略意义和现实意义，主要体现在以下方面。

①它是测绘行业转型发展的需要。测绘成果从数字成果到信息化成果的转变，其在内容和形式上实现了众多突破：传统的纸质图变成了综合性的数据库，传统的基础测绘成果变成了以基础数据为支撑的各种综合性平台、专题数据等。相应地，测绘成果质量检验的内容和形式也发生了重大改变。为了适应和发展这种内容涵盖广泛、成果形式多样的测绘成果质量管理需求，质量检验手段必须创新，质量管理方法也必须创新。只有同时实现了这两个创新，才能保障测绘地理信息行业跟上新时代的脚步，快速、健康地向前发展。

②它是提升测绘单位生产能力的需要。要做好测绘质量工作，不仅要在测绘成果质量上严格把关，让客户在使用测绘成果时放心，同样也要为生产单位送检成果提供便捷服务。传统的送检方式是到质检机构现场提交纸质资料，对于许多偏远地区的测绘单位是极不方便的。同时，纸质的资料检验效率很低，检验意见也不能及时反馈交流。信息化测绘成果质量管理体系，通过信息化的手段和网络化的工作模式，有效避免了送检过程的舟车劳顿，保证了检验意见能及时得到交流和反馈，提升了送审效率和质检效率，将更好地服务日常测绘生产，提升测绘生产能力。

③它是提高测绘成果质量管理水平的重要手段。传统质检采用被动的管理方式，很多偏远地区由于路程遥远限制了测绘成果送检，长此以往，这些偏远地区测绘成果质量水平普遍较低，久而久之就形成了恶性循环。信息化测绘成果质量管理致力于建立一套完备的技术体系和管理机制，在更大区域范围内实现测绘成果质量检验的"两个全覆盖"，即测绘单位全覆盖、测绘成果全覆盖，将有效提高测绘成果质量管理水平。

④它是提高测绘质检技术能力的需要。传统的测绘成果质量检验方法自动化程度低，结果受检验人员主观因素的影响较明显，检验内容不全、效率低下。

另外，随着大数据时代的到来，海量的测绘数据一方面意味着更加繁重的检验任务，另一方面也为辅助检验提供了更多的技术依据。因此，传统的测绘质检方式不再适应这些新的变化，新的信息化质检手段必须及时建立起来。采用信息化的质检方法，可以充分发挥空间数据库、空间分析等技术手段的作用，将大量的标准化检验任务实现自动检验，不仅可以有效提高成果检验效率，而且能使检验的内容更加全面，检验的结果更加客观、准确。

8.2　测绘成果质量检验新技术及其应用

8.2.1　测绘成果自动检验技术

1）技术原理

数字测绘成果自动质量检验是针对传统的测绘成果完全基于人工检验的方式所提出的检验方法，它的本质在于借助外部数据、软件或设备等，按预先设置的方式自动进行全部或部分成果质量检验工作的过程。根据完成内容的不同又分为全自动检验和半自动检验。全自动检验往往应用于一些形式简单或格式标准的测绘成果质量检验，如某段水准测量观测数据、部分控制点的坐标数据等的质量检验。由于测绘成果质量检验过程具有成果构成的复杂性、质量元素的多样性、质量检验标准的多源性及质量判断的综合性等特点，目前的质量检验工作往往只能在某个特定环节或某个具体内容上实现全自动检验，整个成果的质量检验都需要结合人工检验或人机交互检验，实际检验工作仍处于以半自动检验为主的阶段。

我国数字测绘成果已经进入了大规模生产与应用阶段，但相应的质量检验手段却是滞后的，尚没有形成成熟的、广泛应用的信息化质检手段，其原因主要有两个方面：一是测绘成果质量检验具有较强的综合性，需要经验丰富的专家根据不同的技术标准并结合生产实际进行判定，质量检验技术和标准难以通过计算机语言全面、准确地表达，因此这种复杂的工作难以被程序取代；二是测绘成果多样化且具有一定的地域特色，各类测绘成果尚未在全国范围内形成标准、格式统一的数据，数据源的多样性和不规则性也制约了信息化检验技术的进步。目前国内的应用现状只是在测绘产品质量检验的部分环节或某类标准数据的检验阶段应用了信息化程度较高的自动检验技术，还没有进行全面普及和推广。地理信息数据库常用辅助检验软件有ArcGIS、MapInfo、MapGIS、GeoStar等，遥感数据处理软件有INPHO、ERDAS、PCI等，DOM通常是用ERDAS检查其数学精度、影像质量、整饰质量等要素，DLG、DEM主要是用ArcGIS来检查成果的各项质量元素等，这些多元化的质检软件给测绘产品信息化检验带来了便利，却不利于测绘成果质检标准的统一。因此，目前测绘成果质量检验的发展趋势是多元的专业软件集成向综合性强、标准统一的 "质检平台" 的方向发展，虽然国内已有部分测绘产品质检机构和企业在测绘成果自动化检验方法方面做出了有力探索，但全面实现测绘产品的自动化检验还有很长的路要走。

测绘成果自动检验的一般方法是借助相关资料和专业软件，根据需要制定自动检验的规则，并结合相关标准规定的质量判断指标进行质量评判。在同一测绘成果质量检验的过程中可以同时存在多个这样的自动检验过程，最终成果质量要根据相关规范并结合这些过程得到的结果进行综合判定，其一般流程如图8.1所示。

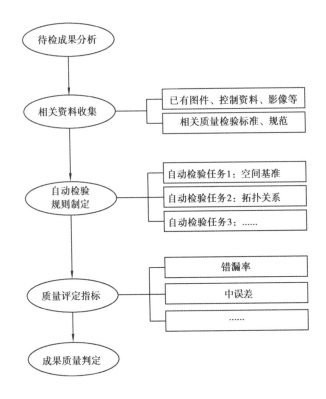

图8.1　测绘成果自动检验一般流程

测绘成果自动检验的一般流程中，自动检验的规则要根据现有国家相关测绘成果生产、质量检验标准和规范来制定，所以在规则制定之前，需要根据待检成果的类型收集相关标准规范以确定该产品检验的要点。自动检验一般包括以下内容。

（1）空间基准的检验

空间基准的检验即检验其坐标系定义的正确性，一般方法是将待检成果的坐标系与技术设计、合同中规定的坐标系直接作比较。

（2）拓扑关系的检验

拓扑关系的检验又可称为逻辑一致性检验，即根据数字测绘成果生产的相关规定检验各要素及要素之间的逻辑关系，如伪节点、线段悬挂、面重叠及其他预设的逻辑关系检验等，逻辑关系的定义一般为两两比较，同一待检成果中往往存在多组逻辑关系检验。

（3）数学精度的检验

数学精度的检验一般采用对待检项目的部分控制点进行计算和精度比对，或与其他来源的已知数据进行同名点匹配等方式。

数学精度检验往往是进行指标符合性检验，一般根据待检成果质量检验所采用的标准规范中规定的具体指标，如限差、中误差、数量、长度、面积、错漏率等，对成果中的要素进行检测或计算比较，其结果不能超过规范的规定。

现有的测绘成果自动检验的软件及工具较多，如针对控制测量、DEM、DOM等标准数据格式的成果都有专业性较强的软件进行自动检测，但其检验结果的呈现形式往往根据某个制定单位或软件的需求进行定制，缺乏统一的标准，导致现有的测绘成果虽然一定程度上能实现自动检验，但其检验结果往往只有指定的软件或有经验的个人才能识别和应用，在行业内的普适程度不强。

2）应用案例

某测绘单位长期致力于测绘地理信息成果自动检验技术的探索工作，最近正开展航空摄影测量成果自动检查软件的测试与开发，欲打造一款DOM成果平面精度自动检验的软件，以实现DOM成果精度的自动检查。

该软件的设计思路：有已知精度合格的DOM成果A和待检DOM成果B（B通常为正方形分幅的DOM数据），其中A的范围完全包含B，且A和B的坐标系均为2000国家大地坐标系。现采用影像匹配的方式找到A、B区域中若干特征点进行坐标值比较并计算残差中误差，在给定两组同名点作为初始值的基础上，利用特征匹配算子采用迭代计算的方式计算得到若干组同名点（可设置条件：当同名点对数超过200对时计算结束）。对计算得到的平面偏差较大的同名点进行人工概查，若属于匹配结果明显错误，或因特征点位于树林等特征不明显的区域造成的平面偏差较大的情况，应作为粗差排除。排除粗差后，分别计算每对同名点的平面坐标残差，并计算整个样本的平面残差中误差。通过平面最大残差和中误差的计算结果，参照相应的标准规范判定样本DOM的平面精度是否合格。

8.2.2　底图数据库辅助质检技术

1）技术原理

随着测绘技术的发展与推广，测绘项目逐渐向全生命周期管理方向发展，历史测绘数据成为一种人们研究城市发展和变迁不可或缺的重要数据资源，对各行业发展将产生更深远的影响。

除了野外实地测量检验外，测绘成果检验的另一种重要方式是采取高精度的矢量数据套合比对，这就意味着测绘的历史数据能为我们测绘成果质检提供非常重要的检验依据，因此，质检底图数据库的建设是一种非常重要的测绘成果质检的技术支撑。

近些年来，各省市的测绘质量主管部门均已开展了质检地图数据库建设的工作，即以海量的基本比例尺地形图、数字正射影像、地理国情监测数据库、地名地址数据库、各种专题数据库等为主要内容，将已有的各类测绘成果逐渐建立成为基准统一的空间信息数据库。这类数据库的建设过程有以下两个重要的环节。

（1）测绘基准的统一

不同时期、不同用途的测绘数据往往是根据不同的平面、高程基准得到的，因此要把它们纳入同一个系统中，首先必须进行基准转换。近些年，国家测绘主管部门已经要求全国范围内逐渐推广2000国家大地坐标系，并在2018年完成所有成果向2000国家大地坐标系的转换；同时，以更长观测周期内的潮汐观测资料为计算依据得到的"1985国家高程基准"相比于1956年黄海高程也更具有科学性，因此各省市测绘主管部逐渐以"2000国家大地坐标系、1985国家高程基准"为参考基准，将历年来不同平面、高程基准体系的各类测绘数据逐渐建设成为统一的空间数据库，形成了地方的测绘底图数据库。

（2）强调成果的时间属性

测绘成果往往强调其现势性，即在测绘工作开展的时间内得到的成果与现实情况的符合程度。因此不同时期的测绘成果归至同一数据库中，必须强调测绘成果的时间特性，以时间轴为导向，将历史测绘数据和成果按时间先后顺序依次归档，才能更有效、更准确地利用好这些数据。

测绘质检底图数据库往往根据测绘成果类型的不同进行分类，可分为基础底图数据库、专题底图数据库和其他底基础底图数据库。其中基础底图数据库常见类型包括影像数据库、地形图数据库；专题底图数据库常见类型包括地下管线数据库，地名地址数据库，道路、水系、市政设施等专题要素库；其他基础底图数据库有地籍图数据库、历史建筑数据库等。几类常见数据库的内容简要介绍如下。

①影像数据库。影像数据库以地理国情普查、地理国情监测、土地调查及农村土地经营权确权等重大项目为支撑，将历史卫星遥感影像、无人机影像等建档建库，成为影像底图数据库。

②地形图数据库。地形图数据库以历年来基本比例尺地形图测绘成果为基准，常见的为1∶500、1∶1 000、1∶2 000、1∶5 000、1∶10 000等大比例尺基础测绘成果，并结合地理国情普查、地理国情监测中的要素层，建设成为全市域的地形图数据库。

③地下管线数据库。地下管线数据库以统一开展的地下管线普查及历年来所建设完成的地下管线更新、竣工测绘等工作获取的测绘成果，将各类管线成果建设成为综合管线数据库。

④地名地址数据库。地名地址数据库以已有历史地名地址库为基础，采用广泛调查及历年更新的方式逐步完成修正、补充等更新工作，并建设成为全市域的地名地址数据库。

其他的测绘数据如DEM成果、各类地面控制点等也逐渐被纳入测绘成果质量检验数据库的范畴，成为测绘成果质量检验的一种重要技术手段。基于这些地图数据库，通过"先内业比对、再外业重点核查"的方式，可以大幅提升测绘产品质量检验的效率。

测绘质检底图数据库虽然形式多样，内容也大不相同，但完成测绘成果质检底图数据库建设的原则及方法基本一致，其一般流程如图8.2所示。

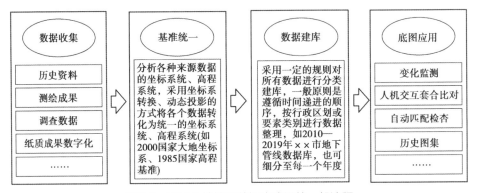

图8.2　测绘质检地图数据库建设的一般流程

数据收集阶段应尽可能保持数据的完整性和准确性，要求同时做好两个方面的工作：一是要尽可能收集到可利用的数据，并保持数据的完整性，按时间递进的顺序将数据分类整理，并做好记录，包括数据来源、空间基准、用途、测绘方法、可靠性描述、联系方式等。二是要尽可能保持数据的准确性，对来源不可靠的数据或存在疑问的数据，应尽早对其成果的准确性进行核对，发现有疑问的成果则不参与底图数据库建设，以免时间久后难以排查错误数据的干扰。收集的数据应尽可能为常见的电子数据格式，如DWG、TIF、SHP、IMG、JPG等，对纸质的资料需要进行数字化处理，文档资料应择要保存并编制信息卡以方便查找。

基准统一常用的方式是坐标转换，或在ArcGIS等专业软件中采用动态投影等方式进行，其遵循的原则是尽量保持数据的精度，即要求在坐标转换的过程中采取高精度的控制点或参数，尽量一次性转换（中间成果换算容易造成精度损失）。坐标转换完成后应整体概查转换结果的正确性，对明显错误的情况要逆向排查其原因。

底图数据库应用于测绘成果质检最常见的方式就是开展人机交互的套合比对，根据底图数据的坐标、内容等对待检成果进行数据比较和判定，可在很大程度上减少相应的外业实地测量检验工作，提高检验效率。其他方面较为常见的应用是数据的变化监测，比如在地理国情监测工作中应用得较为广泛，另外还包括同名点匹配精度检查、历史图集的制作、应急救援的灾前灾后对比等。

总之，测绘质检底图数据库作为一种重要的、持续积累的数据资源，在测绘成果质量检验中扮演着精准、高效的重要角色，是新时期测绘成果质量检验的一种重要手段。各测绘成果质量主管部门要逐渐提高对质检底图数据库的认识，投入人力和资金建设一批质量过硬、信息全面的底图数据库，将为国土、规划、水利、环保、历史研究等众多领域提供宝贵的信息资源。

2）应用案例

地图数据库辅助质检技术在测绘成果质量检验过程中是一种应用范围十分广泛的技术，以数字地形图、数字正射影像的质量检验应用最为广泛。如某乡镇开展的全区1∶500数字地形图测绘成果，为2000国家大地坐标系和1985国家高程基准成果。现要求将该地形图成果提交至主管的测绘成果质量管理部门进行质量检验，具体由该地区测绘产品质量检验测试中心实施成果质检。该质检中心已建立全区的1∶1 000数字正射影像地图数据库，空间参考基准为2000国家大地坐标系，现势性基本与该地形图相当。质检中心以全区1∶1 000数字正射影像地图数据库为参考数据，对待检1∶500地形图做概查、详查和精度比对，如图8.3所示。利用数字正射影像底图数据库辅助质检，减少了质检过程中野外实地测量的工作量，节省了时间和人力成本，极大程度上提高了检验效率。

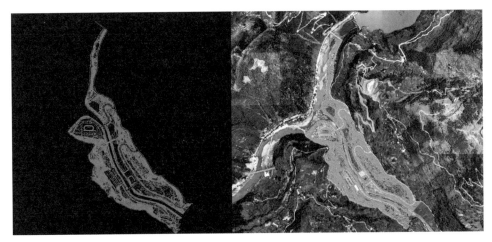

图8.3　数字正射影像底图数据库辅助质检应用案例

8.2.3　外业采集系统辅助质检技术

1）技术原理

外业实地测量检验是测绘成果质量检验的重要环节，需要质检人员实地采集必要的点位、高程数据及巡查图纸等，是测绘成果质量认定的依据。外业测量的工作量往往比较繁重，质检员要"巡、测、记"同时兼顾，传统的以纸质图纸为介质的质检任务则需要2~3人才能完成，现场需要有大量的记录，这些记录要等外业工作结束后回到室内进行整理，容易造成错漏，给检验工作带来较大麻烦。

外业采集系统辅助质检技术是一种提高外业质检效率和正确率的手段，它是一种以移动智能设备为载体，以收集的底图数据及内业检查记录为参考，在野外测量、巡查的过程中辅助成果判读并详细记录外业信息的智能化数据采集系统。其目的在于解决外业测量数据及记录整理工作量大的问题，降低外业工作量，提高外业检验的效率。外业采集系统的结构如图8.4所示。

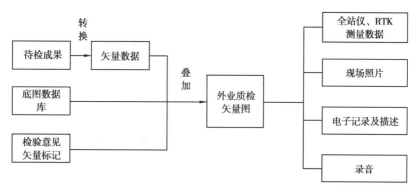

图8.4 外业采集系统结构图

外业采集系统辅助质检技术能将待检成果及矢量标记转换成矢量图并叠加在底图数据库上，通过范围裁切形成外业质检矢量图，该图不仅保存了待检成果中质检意见的标记，使得外业检查具有针对性，而且添加了底图数据库成果供外业检查时参考，提升了外业检查的效率。同时，为了简化外业测量和记录的工作量，减小内业意见整理出错的可能性，系统采用接入测量数据、现场照片、文字记录、音频记录等方式进行快速采集和记录，所有检验意见与矢量图上的外业标记序号关联并一键导出，大大提升了内业整理的效率。

2）应用案例

某市要对一工业园区数字正射影像底图制作项目的像控点进行精度检查，先抽取了1、2、3号控制点进行精度采集比对，采用外业采集系统辅助质检技术进行野外测量。具体实施过程如下。

（1）数据准备

在外业采集系统中建立一个检查工程任务，名称为"××工业园区像控点检核"，提取待检成果的范围线，收集该区域已有的现势性相对较好的影像成果、数字高程模型成果、数字地形图成果等（可收集一种或多种）。利用范围线在ArcGIS软件中裁剪影像、DEM或地形图，作为底图数据导入该工程。同时，导入控制点的点之记的坐标值。如果有内业检查意见也可以一并导入。

（2）工程准备

将导入的矢量数据、栅格数据、坐标值数据等统一到同一坐标参考系下，通过图层叠加的方式组织各类数据，各个数据层相互独立。通过图层开关和图层的上下拖动来控制数据的叠加，以达到辅助观察和读图的目的，便于野外作业时快速获取待检目标的相关信息。

（3）野外测量

将外业采集系统与RTK设备连接，根据点位坐标或参考地形图、影像等快速寻找像控点的位置，并采用RTK设备测量和记录。在测量过程中，还可以查看点之记中对控制点的埋设的要求，如要求以木桩方式或者混凝土浇筑的方式埋设等，并采用电子记录和拍照的方式记录控制点以及现场的测量环境，所有采集要素都以属性信息的形式赋予目标控制点，可在测量过程中或完成测量后随时查看，作为判定的依据。按此方式依次完成各像控点的外业测量。本区域内完成了1、2、3号控制点的复测工作，如图8.5所示。

（4）数据处理

将复测的控制点坐标与已有的控制点成果逐个比对并计算平面、高程残差，参照相关规范评价控制点布设、测量精度等质量情况。

图8.5　外业采集系统的应用实例

（5）总结

外业采集系统辅助质检技术能高度集成与待检目标相关的矢量数据、影像数据和坐标信息等重要参考资料，便于待检目标实地的快速查找与信息查询，在测区范围较大或者待检目标数据量庞大的时候优势更加明显，如在复杂地区的地下管线成果检查工作中，能在复杂的管线点、线成果数据中快速查询连接关系、埋深、材质、管径等属性，提高外业质检的工作效率。

8.2.4　测绘仪器检定信息化管理技术

1）技术原理

测绘仪器检定是测绘成果质量检验的内容之一，也是保证测绘成果质量合格的重要前提。如果采取的测绘仪器不合格，则测绘成果质量是无法保证的。因此，在测绘成果质量检验过程中对测绘仪器检定证书进行审查是一项必不可少的工作。目前，各省市均有测绘仪器检定的专门机构，检验合格的仪器将出具检验合格报告并有唯一编码供全社会查询。测绘成果质量检验机构根据权威机构出具的证书来认定测绘仪器是否检验合格。

仪器设备信息化管理主要通过数据库和信息系统等方式提供仪器检定结果或证书的快速查询，大幅提高查询效率，为测绘成果质量检验中的测绘仪器检定证书审查环节提供极大便利，也能预防仪器检验证书造假或相互借用等乱象，是一种辅助测绘成果质量管理的新手段。

测绘仪器检定信息化管理一定程度上遵循属地管理和地域就近的原则，在某个地域范围内（如省、市）建立基于本区域的测绘仪器检定数据库和信息发布系

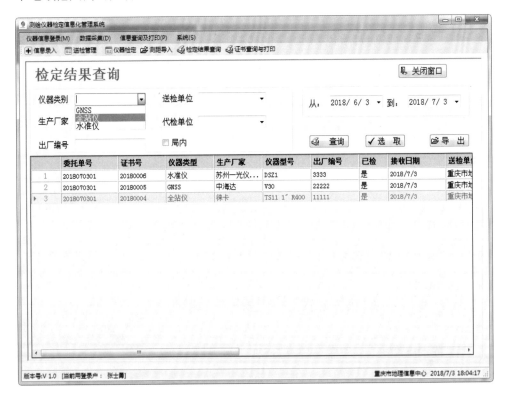

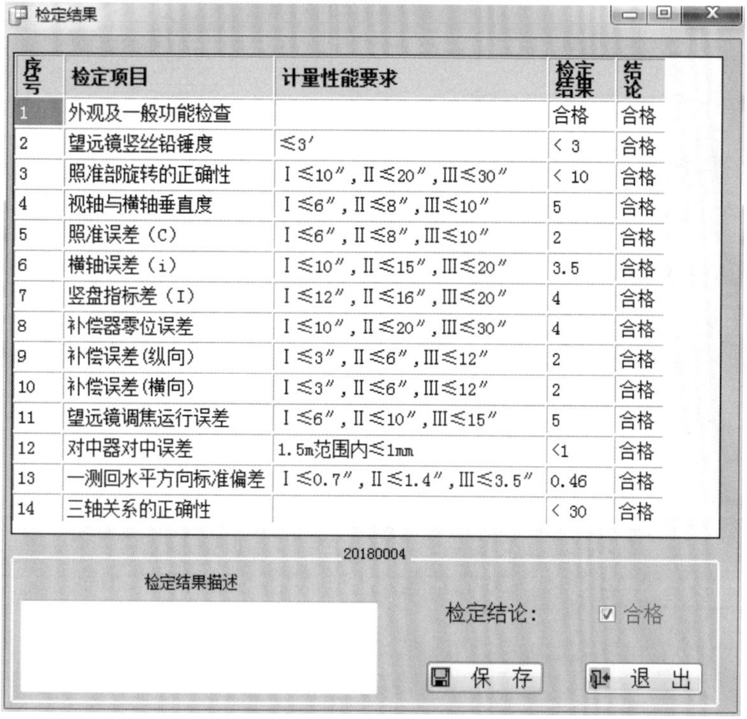

检定结果

序号	检定项目	计量性能要求	检定结果	结论
1	外观及一般功能检查		合格	合格
2	望远镜竖丝铅锤度	≤3′	< 3	合格
3	照准部旋转的正确性	Ⅰ≤10″，Ⅱ≤20″，Ⅲ≤30″	< 10	合格
4	视轴与横轴垂直度	Ⅰ≤6″，Ⅱ≤8″，Ⅲ≤10″	5	合格
5	照准误差（C）	Ⅰ≤6″，Ⅱ≤8″，Ⅲ≤10″	2	合格
6	横轴误差（i）	Ⅰ≤10″，Ⅱ≤15″，Ⅲ≤20″	3.5	合格
7	竖盘指标差（I）	Ⅰ≤12″，Ⅱ≤16″，Ⅲ≤20″	4	合格
8	补偿器零位误差	Ⅰ≤10″，Ⅱ≤20″，Ⅲ≤30″	4	合格
9	补偿误差(纵向)	Ⅰ≤3″，Ⅱ≤6″，Ⅲ≤12″	2	合格
10	补偿误差(横向)	Ⅰ≤3″，Ⅱ≤6″，Ⅲ≤12″	2	合格
11	望远镜调焦运行误差	Ⅰ≤6″，Ⅱ≤10″，Ⅲ≤15″	5	合格
12	对中器对中误差	1.5m范围内≤1mm	<1	合格
13	一测回水平方向标准偏差	Ⅰ≤0.7″，Ⅱ≤1.4″，Ⅲ≤3.5″	0.46	合格
14	三轴关系的正确性		< 30	合格

20180004

检定结果描述

检定结论：☑ 合格

保 存　退 出

图8.6　仪器设备信息化管理的信息查询

由于测绘仪器检定具有周期性，通常为一年，因此对仪器检验证书的管理通常也是按检验周期的递进顺序进行的，即对具有唯一编号的测绘仪器的所有合格证书按时间顺序进行记录、管理。测绘仪器检定信息化管理信息化系统建设的一般流程如图8.7所示。

2）应用案例

某市仪检技术人员通过开发“测绘仪器检定信息化管理系统”，实现了测绘仪器检定项目的信息登记、检定数据采集、检定数据处理、自动出具检定证书、通知客户取回仪器等功能。通过该系统，能够实时查询全市测绘仪器检定现状和进度等基本信息，大大方便了测绘仪器的信息化管理。

仪器设备信息化管理系统的应用案例如图8.8所示。

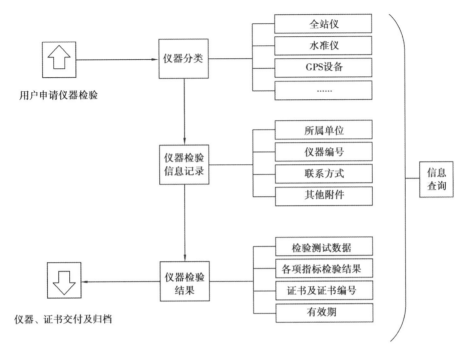

图8.7　测绘仪器检定信息化管理系统建设的一般流程

图8.8　仪器设备信息化管理系统的应用案例

系统主要设计了5个功能模块：

①仪器交接编辑模块，主要用于单位信息和仪器信息的录入、查询、修改以及打印。

②检定数据记录模块，主要功能是检定数据的记录、录入。

③检定数据处理模块，主要用于数据的计算，结果的判断及展示。

④检定证书生成模块，用于生成检定证书或检定结果通知书。

⑤信息查询与统计模块，用于业务统计、信息查询、结果导出。

系统功能模块示意如图8.9所示。测绘仪器检定信息化管理系统还能够与"测绘质量管理系统"进行数据对接，将仪器检验合格数据直接调入质量管理系统，从而对项目仪器检定情况进行比对认定，减少人工检查出现错漏的可能性，提高检验效率。

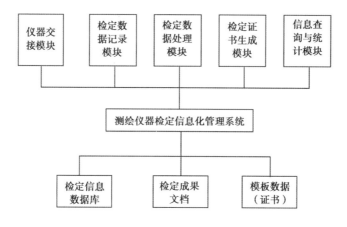

图8.9　系统功能模块示意图

8.2.5　数字水印与电子签章技术

1）技术原理

数字水印与电子签章技术是信息化时期发展起来的电子数据安全技术，它的主要工作原理是通过对电子数据的加密与解密过程来对数据进行真实性认证，将其应用到测绘成果质量管理中能极大提高测绘成果质量管理与认证的效率，是新时代下测绘成果质量管理的一种重要技术。

数字水印是一门多学科交叉的新兴应用技术，它与信息安全、信息隐藏和数据加密等均有密切的关系。数字水印技术是将一些标志信息（即数字水印）直接嵌入数字载体当中（包括多媒体、文档、软件等）或是间接表示修改特定区域的结构，不影响原载体的使用价值，不容易被探知和再次修改。它具有隐蔽性、鲁棒性、可证明性和脆弱性的特点。在数字作品中嵌入数字水印后，不会引起明显的质量下降，在视觉上是不可见的，不会影响图像的质量。数字水印可以使已注册用户的数字、文本、产品标志或者其他有意义的图文等嵌入到宿主数据中，需要时将其提取出来，判断数据是否受到保护，并监视被保护数据的传播及非法复制，进行真伪鉴别，为受保护产品的归属提供可靠的证明，从而避免所有权的纠纷，保护合法的利益。

电子签章是作用于电子文书之上，和传统手写的签名、盖章有相同效力的计算机技术。电子签章技术可以实现无纸化办公，减少办公成本，节省办事人员因盖章耽误的时间。电子签章不是手写签字和印章的数字图形化，而是以电子化的形式依附于电子文书上与其逻辑关联，用来辨别电子文书签收人的身份，保证签收人真实意图的。电子签章也不是数字签名的替代和改良，而是一种将传统的印章文化与现代密码学结合起来的信息化技术。电子签章系统主要由三个部分组成：电子证书服务器、签章服务器、客户端。电子证书的发布和验证由信用等级较高的机构担任。签章服务器是一个基于数据库的印章管理系统，可以对印章的申请、审批、监控等进行全面管理，从逻辑上保证系统的安全、可靠。客户端主要用于对文书进行盖章或者授权人身份识别，可以对文档的完整性进行验证。电子签章会在数字证书和电子化印章之间建立对应关系，利用数字证书进行数字签名，电子印章将会被插入文书的适当位置并呈现在系统界面中。此时的电子签章将具有不可复制性，通过复制插入的电子印章而得到的仅仅是一个图片，不再与数字证书有任何验证关系。签章的唯一性和单向不可逆运算方式，使得其在使用过程中保证了安全性。

在数字测绘产品尤其是涉密的数字测绘产品中使用数字水印与电子签章技术，可以极大提高涉密成果的安全性，是一种加强测绘成果质量管理与监督的有效方式。权威的测绘产品质量检验部门通过数字水印与电子签章技术，可以提升测绘产品检验过程管理的规范性，提高对检验合格的测绘成果管理的效率，加强对合格产品应用的监督及安全事故发生后的成果追溯等。其中，数字水印技术在测绘产品质量管理中最重要的应用是测绘成果分发，电子签章最重要的应用是质检过程记录和成果盖章。

数字水印技术在测绘成果分发中的应用目的是保护所分发的测绘成果的安全性，防止申请用户长期持有涉密数据或恶意泄密行为的发生，其应用原理及过程如图8.10所示。

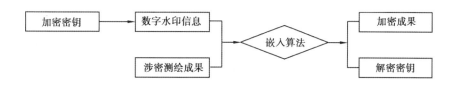

图8.10 数字水印技术应用于涉密测绘成果管理的流程示意图

加密密钥由成果分发单位进行参数设置，包含分发单位名称、接收单位名称、发出日期、成果使用有效期等信息，由数字水印加密软件将这些参数通过一定的嵌入算法生成数字水印产品标志并写入涉密测绘成果中进行加密。加密后，产品标志在涉密测绘成果中是不可见的，但通过水印加密软件可以查看并编辑该标志。加密后的涉密测绘成果需要在客户端上加载解密密钥后才能打开或编辑，其中解密密钥在嵌入算法进行加密的同时生成，解密密钥中也包含有效期，即客户只能在有效期内通过解密密钥打开或编辑加密后的测绘成果。解密密钥一般需要识别唯一的机器码，也就是说由M单位申请的涉密测绘成果时生成的解密密钥，只能由M单位使用，其他单位或个人即使通过其他途径获取了解密密钥文件和加密成果，也是无法打开和编辑该成果的。同时，在加密成果基础上进行的任何新增、删除或合并等操作后得到的文件均为加密文件，通过水印加密软件能够查看加密密钥写入的单位名称、发出时间等信息，这样就保障了涉密测绘成果的安全性，即便是发生了成果泄密事件，也可以根据成果的水印信息逆向追溯成果来源。在质量管理中心，对检验合格的测绘成果添加数字水印并进行应用端的水印认证，能保证所应用的测绘成果均为合格成果，从而保证了测绘成果的质量水平。

电子签章应用于质检过程记录和成果盖章，有助于质检过程信息化管理。其一般过程是：质检流程中所有的岗位人员均在信用等级较高的认证单位注册签名信息并形成电子签名文件，分别包含可视的签名及唯一合法编号等信息，在质检任务按流程依次登记、检验、审核的过程中，各个岗位的人员均需对自己所完成的工作进行电子签名，否则流程无法传递，这样就保证了整个成果检验流程的规范性，且有迹可循。同时，对审查合格成果进行确认的签章也在认证机构注册，审查合格后的电子图上加盖该电子签章后具有合格成果的标志，其他机构可通过该电子签章的信息对成果是否已经过质检进行认定。由于经过合法注册和认定，电子签名和签章均具有法律效应。

数字水印和电子签章技术是信息化时代电子数据安全保密的可靠措施，它是传统纸质成果向无纸化过渡的必要技术手段之一。但是，由于数字水印和电子签章技术发展的区域性较强，不同行业、不同地域还没有形成统一的、有效的授权和认证机制，因此该技术不利于测绘成果在不同行业、不同地域之间的广泛应用，这也是在追求数据安全的情况下对数据资源共享的一定程度上的牺牲。

2）应用案例

某省质检站为了提高测绘产品质量管理的效率，对所有测绘成果质检的管理实现全过程无纸化。目前该质检站和某互联网公司合作开发了数字成果的水印系统，主要应用于质检完成的最终图纸的安全管理工作。水印系统的应用大致包括两个方面：一是对质检合格后的电子地形图附加隐性水印，水印标志为"××省测绘质检站"和成果合格日期，呈上下排列并与正北方向呈一定角度。所附加的隐性水印在水印系统数据库中分配唯一编号并记录。隐性水印在电子地形图上无法直接显示，需要加载水印系统的专属插件方能查看，但无编辑权限。二是为了对检验合格后的电子地形图进行认证，该质检站在附加隐性水印的同时，为电子地图添加了显性的电子签章，如图8.11右上角所示，签章中间文字为"××省测绘质检站审查专用章"，并位于二维码中心，该二维码包含了该受检项目的项目名称、项目负责人、检验合格时间等信息，这些信息均由测绘质检站的质量管理系统数据库提供。

通过隐性水印和显性签章的应用，该省实现了测绘成果质量的无纸化管理，加强了测绘成果质量认证的可靠性、安全性，为测绘成果的高效、便捷使用提供了安全保障。

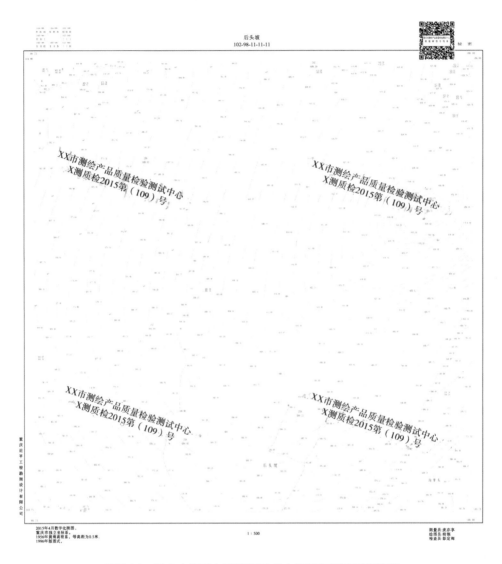

图8.11　数字水印和电子签章技术应用于电子地形图管理

8.2.6　基于GNSS地基增强的测绘成果质量检验技术

1）技术原理

GNSS地基增强系统是利用GNSS卫星导航定位、计算机、数据通信和互联网等技术，在一个城市、地区或一个国家根据需求按一定距离建立起来的连续运行的若干个GNSS卫星导航定位基准站组成的综合网络系统，主要包括基准站网、数据处理与播发中心、数据通信链路和用户四大部分，该系统能够全天时、全天候为用户提供实时厘米级、分米级及事后毫米级定位服务，可广泛应用于基础测绘、自然资源调查、国土空间规划、交通、市政、电力、环境、林业、水利、航运、气象等多个领域的空间数据采集、监测和管理。

GNSS地基增强系统是空间地理信息资源获取的重要基础设施，在测绘成果检验过程中具有智能化程度高、定位精度高、适用范围广等优点，解决了常规单基站RTK测量存在的技术问题，改变了传统的测量模式，可以高效、准确地检核测绘外业测量成果，极大地缩短了质检周期，为保障测绘产品质量提供了有力支撑。检验内容主要包括埋石点、图根控制点、管线点、航测像控点等测量成果，通过将实地采集样本点定位信息并与原测绘成果中对应点的点位信息进行对比，并依据国家相关规范，可以判断二者间存在的差值以确定测绘成果质量及精度是否符合要求。

2）应用案例

某直辖市GNSS地基增强系统组建完备，在全市范围内布设基站60余个，拥有强大的数据处理与播发中心，为该市用户提供7×24小时不间断的实时、高精度位置服务。为了进一步做好GNSS地基增强系统对测绘行业服务能力，该市测绘行业主管部门与南方测绘开展深度合作，建立和完善了城市CORS实时服务管理系统，目前系统注册用户一千多个，实时同步在线用户可达两百多个。

该市测绘产品质量检验测试中心利用GNSS地基增强系统助力测绘产品的质量检验工作，在节约成本和提高质检效率方面发挥了重大作用。近期，该市开展全市基础地理信息数据测绘，形成了全市1∶5 000 DEM成果并提交至市质检中心进行质量检验，坐标系统为2000国家大地坐标系，高程系统为1985国家高程基准。质检中心将广大测绘用户利用GNSS地基增强系统（城市CORS实时服务管理系统）所测量的地面控制点数据统一整理和转换成为2000国家大地坐标系和1985国家高程基准成果，作为某批次DEM成果质量检验的参考数据。检验采用随机抽样的方式，通过样本DEM范围内的有效地面控制点与这些点所对应的DEM高程值进行比较，计算各点上的高程残差与中误差，并与相应的国家标准、规范规定的限值相比较来判断样本DEM精度是否合格，其检验步骤如图8.12所示。基于GNSS地基增强技术的DEM精度检验结果如图8.13所示。

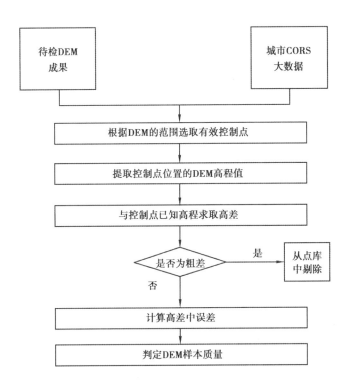

图8.12 基于GNSS地基增强系统的测绘成果质量检验的步骤

GNSS地基增强系统的应用，很大程度上减少了外业实地测点进行精度比对的工作量，有效促进了已有测绘成果资料的再利用，极大程度上提高了DEM成果检验的工作效率。

点号	X	Y	正常高	DEM值	高差
GPT01	××0949.03	×××7640.666	372.792	372.5	0.292
GPT02	××0767.005	×××7857.513	373.244	373.029	0.215
GPT03	××0932.233	×××7543.616	372.687	372.489	0.198
GPT04	××0766.989	×××7857.502	373.243	373.071	0.172
GPT05	××0969.29	×××7509.583	374.731	374.739	−0.008
GPT06	××0762.991	×××7863.622	372.951	373.06	−0.109
GPT07	××0921.904	×××7687.733	371.956	372.109	−0.153
GPT08	××0917.152	×××7673.642	372.12	372.39	−0.27
GPT09	××0864.237	×××7754.715	372.859	373.279	−0.42
GPT10	××0787.833	×××7582.354	371.894	372.679	−0.785
GPT11	××0917.152	×××7676.642	372.12	372.39	−0.27

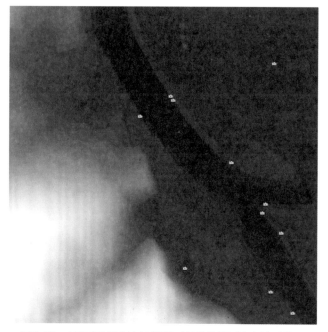

图8.13 基于GNSS地基增强系统的DEM精度检验结果

9
展望

当前，在我国全面深化改革开放的历史新时期，测绘行业发展面临着很多的机遇，也面临着很多的挑战。新型应用需求的扩展、新兴技术的发展，都在促使测绘行业跟上步伐、锐意进取。对于测绘成果质量管理工作者而言，如何在新形势下建立相适应的技术支撑体系和机制环境，更好地服务测绘行业发展、服务国家经济建设、服务社会民生，已成为亟须研究的新课题。

综合来看，未来测绘成果质量管理将面临以下几个方面的变化：

一是测绘成果的多样化。除前面介绍的测绘成果以外，未来还会衍生出内容更丰富、形式更多样的新型测绘成果，比如实景三维模型、高精度电子地图、室内外一体化导航定位等。这将进一步丰富测绘成果和产品体系，也将驱动测绘成果质量管理向更广领域扩展。

二是技术体系的高精化。随着北斗三号全球卫星导航系统、高分七号对地观测卫星、蛟龙号载人深潜器、5G网络等新兴技术的快速发展和推广应用，我国"空、天、地、海"一体化的时空数据采集、协同、处理、传输、协同和汇聚能力将得到大幅提升，测绘成果质量管理的技术体系也将同步得到发展，更精准、更高效、更智能。

　　三是应用领域的泛在化。随着深化改革的逐步推进，自然资源审计、自然资源管理、生态环境保护、工程项目"多测合一"、行政区划管理、地质灾害防治等众多领域，对测绘成果质量的要求越来越高，将促使测绘成果质量管理模式不断变革，通过改革与创新进一步完善机制，健全相关法律法规和标准规范，大力拓展应用范围、提升服务保障能力。

参考文献

［1］中华人民共和国国家质量监督检验检疫总局，中国国家标准化管理委员会. GB/T 24356—2009 测绘成果质量检查与验收[S]. 北京：中国标准出版社，2009.

［2］国家测绘局人事司，国家测绘局职业技能鉴定指导中心.工程测量[M].北京:测绘出版社，2009.

［3］中华人民共和国国家质量监督检验检疫总局，中国国家标准化管理委员会. GB/T 18316—2008 数字测绘成果质量检查与验收[S].北京:中国标准出版社，2008.

［4］刘尚蔚，姜华，魏群.水电工程航测与扫瞄点云数据采集于建模技术[A]//水利部科技推广中心，华北水利水电大学，清华大学土木水利学院，河海大学计算机与信息学院，水资源高效利用与保障工程河南省协同创新中心.大数据时代的信息化建设：2015（第三届）中国水利信息化与数字水利技术论坛论文集[C]. 出版单位不详，2015：16.

［5］池波.航空摄影测量新技术的应用与发展[J].中国新技术新产品，2014（7）:1-2.

［6］蒋捷，陈军.基础地理信息数据库更新的若干思考[J].测绘通报，2000（5）:1-3.

［7］中华人民共和国国家质量监督检验检疫总局，中国国家标准化管理委员会. GB/T 33453—2016 基础地理信息数据库建设规范[S].北京:中国标准出版社，2017.

［8］国家市场监督管理总局，国家标准化管理委员会. GB/T 39613—2020 地理国情监测成果质量检查与验收［S］.北京：中国标准出版社，2020.

［9］罗名海.信息化测绘的时代背景与社会形态[J].城市勘测，2010（2）:10-12，18.

［10］吴爱弟，崔英俊，刘赛君.数字水印技术及其应用综述[J].天津工程师范学院学报，2007，17（1）:12-16.

［11］谭杰.基于PKI/CA体系的电子签章系统研究与实现[D].南昌：南昌大学，2013.